I AM BEAMS Vol.5

KENJIRO WADA

RESPECTS

ビームスの服、ミョージグンが敬愛するモノ・コト・ヒト

太陽と精霊の布

お洒落の猛者3000人が日々投稿する「BEAMS」スタイリングSNAPで10シーズン連続売上No.1。

〝服ショーグン〟こと和田健二郎が世界中から選りすぐったモノ・コト・ヒトをめぐる逸話集。

PROLOGUE

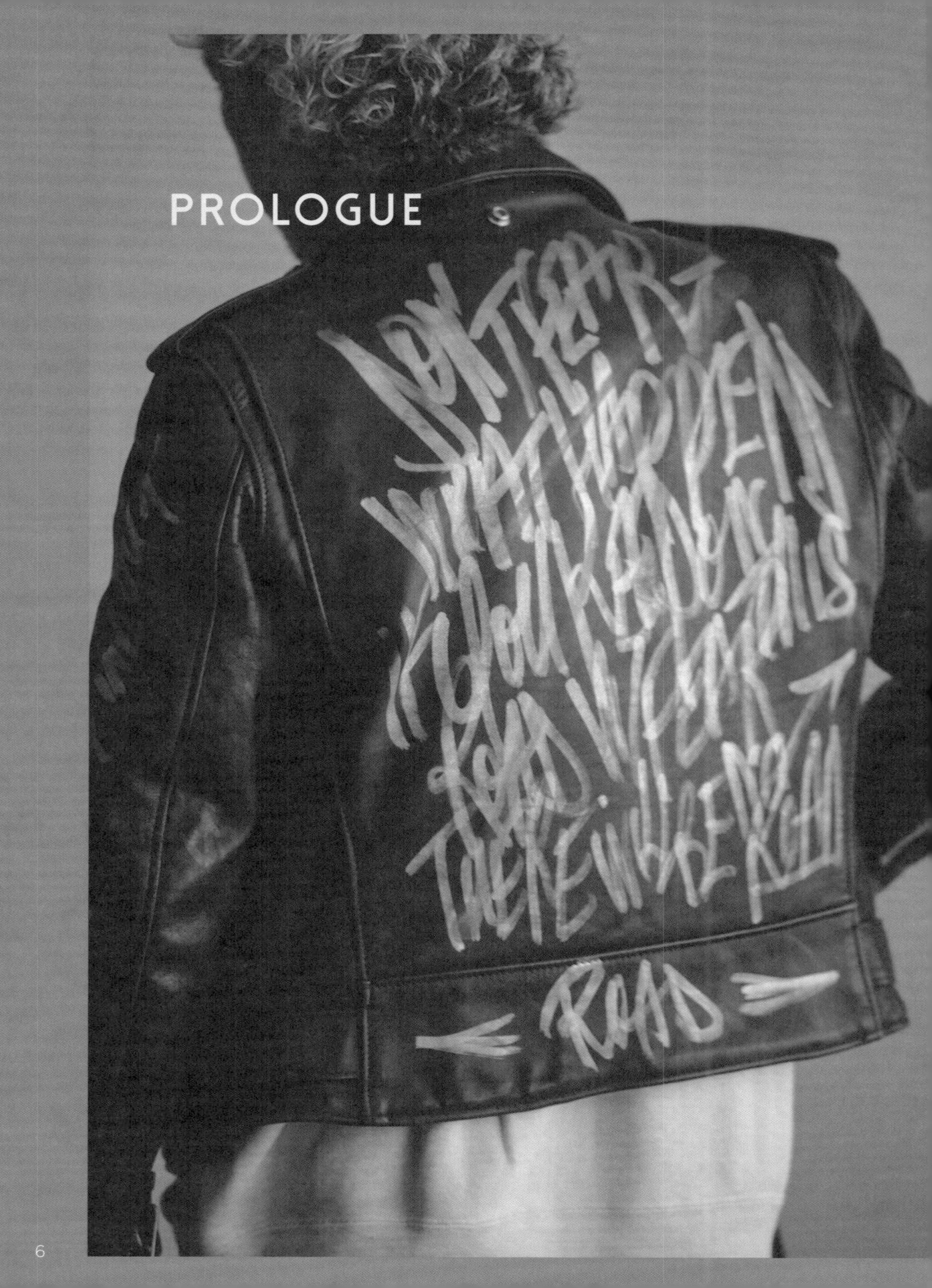

「これでいい」より「これがいい」で選んできた人生

人生の転機は、42歳のときに突然やってきました。

それまでは国内外を飛び回って気に入った服を仕入れたり、好きなデザイナーと服作りをするバイヤーという職に就いていましたが、時の流れには抗えず。後進に道を譲ることになり、心にポッカリと穴が開いた気持ちになりました。写真の革ジャンの背中に描かれたペイントは「この道をいけばどうなるものか……」から続く、尊敬する格闘家が遺した詩（の英訳）ですが、まさにそんな心境。自分で道を切り拓くほかありませんでした。

以来十数年、自らBEAMS公式サイトでスタイリングを発信しつつ、若手にスタイリングを教授する立場にもなりました。とはいえマニュアルはありません。「BEAMS」という組織に属していても、どんなに時代が変わっても、大事にしたいのは個人個人の想いがあふれるスタイルです。どう着るか、よりどう生きるか。衣・食・住の〝衣〟だけではなく、ライフスタイル全般に気持ちを入れてこそ、スタイリングはより説得力をもつ。そう信じています。

たまに勘違いされるけれど、私にコレクター的な興味はありません。結果的に希少性の高い民族服や民藝品、ヴィンテージも多く集まってきましたが、詰まるところ服は身に着けてこそ、器は料理を盛り付けてこそ、家具は部屋に配置してこそ、本来の輝きを放ちます。その意味では、今をときめくデザイナーの服も、最先端のハイテク服も、100年前のヴィンテージの服も、我が家のクローゼットでは無理なく共存しています。

私のモノ選びの基準は、〝これでいい〟ではなく〝これがいい〟。単純明快。思えばバイヤー時代から、いやもっとその以前から、ジャンルやトレンドに囚われず〝これがいい〟と尊敬できるモノしか選んできませんでしたし、天命を知ったのでしょうか、50歳を過ぎてなおそのスタンスは変わりません。それどころか、ますます加速するばかり。現在のスタイリングの仕事も、本気で取り組んでいる格闘技も〝これがいい〟を追求してきましたし、〝この人がいい〟と感じた仲間とは深くつながっていると自負しています。

この本は、そんな私が選んできた〝これがいい〟の集大成。私の人生を切り拓いてくれたモノ・コト・ヒトを余すところなくご紹介します。

PROFILE

和田健二郎　KENJIRO WADA

ビームス ジェネラルスタイルクリエイター

1969年、鹿児島県生まれ。1990年「BEAMS」入社。店舗スタッフ、バイヤーを経験し、2012年より若手への〝服育〟を行うスタイリングディレクターとして活躍。2021年より〝店舗スタッフのメディア化〟を推進するオムニスタイルコンサルタントに就任。自らもスタイリングスナップをほぼ毎日発信し、2017年春夏から2021年秋冬までの10シーズン、全国のスナップ投稿スタッフ3000人中売上No.1を記録する。B印MARKETで展開する個人商店「和田商店」も絶好調。

〝ショーグン〟は、十数年前に行ったロサンゼルス出張の折に、取引先のアメリカ人に付けられたあだ名。存在感あるその風貌から「アイツはSHOGUNか?」と勘違いされたのが由来とか。

CONTENTS

1

3000への道は一日にしてならず

2016年から現在に至るまで、ほぼ毎日アップし続けた2500を超える(!)スタイリングからベスト100を厳選。スナップ投稿スタッフ3000人の頂点に立った、変幻自在の服装術がこちら。

2016～Now

BEST 100 Styles

1/100
2/100
3/100
4/100
5/100
6/100
7/100
8/100
9/100
10/100
11/100
12/100
13/100
14/100
15/100
16/100
17/100
18/100
19/100
20/100

21/100
22/100
23/100
24/100
25/100
CHANEL
26/100
Tokyo
27/100
Tokyo
28/100
29/100
30/100
31/100
32/100
33/100
34/100
35/100
36/100
37/100
38/100
BEAMS
IONA
COLLEGE
39/100
40/100

41/100
42/100
43/100
44/100
45/100
46/100
47/100
48/100
49/100
50/100
51/100
52/100
53/100
54/100
55/100
56/100
57/100
58/100
59/100
60/100

1/2
61/100
62/100
63/100
64/100
65/100
66/100
67/100
68/100
69/100
70/100
71/100
72/100
73/100
74/100
75/100
76/100
77/100
78/100
79/100
80/100

座右の銘は〝服で幸せになれる〟

服ショーグンの

「衣」と服装術

世界の服飾遺産的アイテムをさらりと着こなす。ネパールの女性ニッターたちが一針一針丁寧に編み立てた花柄ニット(左)と装飾が美しい20世紀初頭のルーマニアのベスト(右)。

〈TAKAHIROMIYASHITATheSoloist.〉の、ヴィンテージキルトを再利用したボンバージャケット（左）。色柄、仕立て、すべてが完璧な一着。ノルマンディー上陸作戦用に作られた希少なヴィンテージベスト（右）。過剰なスペックが他にはない存在感を放つ。

我が家のクローゼットには、ジャンルやトレンドに囚われずに集めた
洋服や靴、アクセサリーなどが混在しています。共通点があるとすれば、
それらには作り手の丁寧な手仕事や真似のできないひと工夫が感じられること。
さまざまな側面からアプローチしてその服の魅力を引き出すのが
スタイリングの醍醐味であり、作り手に対する私なりの敬意でもあるのです。

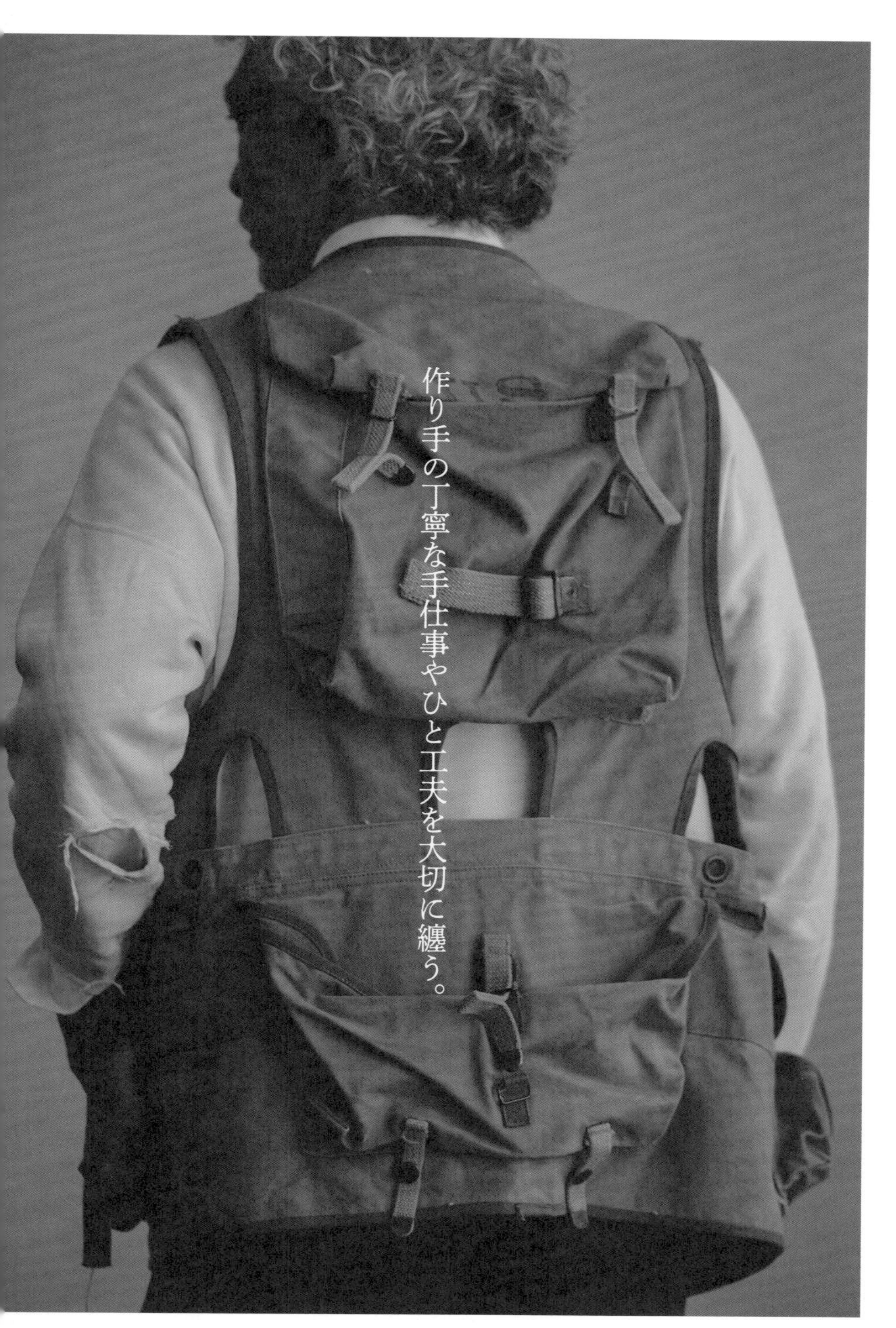
作り手の丁寧な手仕事やひと工夫を大切に纏う。

Detachable Collar : TAKAHIROMIYASHITATheSoloist.
Shoes : NELSON

■ Early 1900s Vest / Romania

牧歌的なのに華やかな
ルーマニアの刺繍ベスト

ルーマニアの南部・オルテニア地方のベストは、蚤の市で手に入れました。どうやら元々は、東欧衣装のコレクターが所有していたものだそうです。20世紀初頭の東欧の民族衣装は、どこか土臭いプリミティブな生地に反して、対照的とも思える細やかな刺繍とギャザーからなる美しい曲線のシルエットが特徴です。女性用を見かけることは時々ありますが、男性モノは数が少なく滅多に出会えません。シンプルな洋服に組み合わせるとグッと見映えするようになるので、セットアップスタイルの上から羽織ることが多いですね。

■ BEAMS LIGHTS Track Suit / Japan

四半世紀の時を超えて蘇った
チャイナなトラックスーツ

今はなきレーベル〈B・E(ビー・イー)〉でバイヤーをしていた20年以上前に企画したチャイナボタンのトラックスーツ(写真中)。昨年〈ビームス ライツ〉が復刻(写真右)して再び大ヒットとなり、ここで着用しているのは高機能素材のソロテックス® にアップデートされた2023年の春夏シーズンモデル(写真左)。当時から思い入れの強いアイテムでしたが、四半世紀近い年月が経ってまた脚光を浴びているところも面白いですね。いつもセットアップで合わせるのがお決まりです。B印MARKETで展開する個人商店「和田商店」でも色違いを取り扱っています。

Pants : PUMA × BEAMS
Shoes : Australian Military

ネパールの手芸ニットとアインシュタイン

■ MacMahon Knitting Mills+Niche. Cardigan / Japan

ネパールの家庭で手編みされた
クロシェニットのカーディガン

世界各国のハンドクラフトを活かしたアイテムを得意とする日本のブランド〈ニッチ〉。そのニットラインとなるマクマホンニッティングミルズの一着です。手編みの盛んなネパールの女性ニッターたちが、各々の家庭で一針一針丁寧に編み立てたクロシェニットは温かみたっぷり。それぞれに微妙な個体差があるのも味わい深いですね。「和田商店」でも取り扱いましたが、早々に完売しました。

■ 1960s Sweatshirts / U.S.A.

いつの間にか集まっていた
偉人モチーフのスウェット

スウェットはレタードより象徴的なモチーフに惹かれます。なかでも〝顔モノ〟にご縁があるようで、意図してコレクトしているわけではないものの、気がつくと何枚か集まっていました。モハメド・アリは手刷りで、おそらく一点モノ。アインシュタインも、かなりレアだと思います。一番上の眼鏡姿の男性は、誰だかわからなかったのですが、ただ者じゃないことを察知し直感的に購入。後日SNSに着用写真を載せたところ、アメリカの大御所ジャズトランペッター、ディジー・ガレスピーだとフォロワーの方が教えてくれました。

■ 1970～1980s Nuristani Pullover / Afghanistan

気の遠くなるような総刺し子が施されたアフガンのプルオーバー

エスニックは、私のスタイリングに欠かせないテイストのひとつ。こちらはアフガニスタンのヌーリスターン人男性が着る民族衣装で、気の遠くなるような総刺し子が抜群の存在感を放ちます。あまり日本には入ってきていないアイテムで、詳しい情報もないのですが、おそらく1970～80年代の個体だと思われます。これまでに民族系のショップや骨董店で何着か見たことはあり、いずれもAラインのシルエットに、オフセットされた左右非対称のプルオーバーという同じデザインでした。こんな風にアウターとして着ています。

Scarf : Tootal
Necklace : Niger Amulet
Pants : NIKE
Sandals : SENTIER

ヌーリスターン人の総刺し子が美しすぎる

■ LAULHÈRE Beret / France

スタイリングの名脇役になる
本場・バスクの最高峰ベレー帽

スタイリングの味付けに使うベレー帽はさまざまな種類を所有していますが、なかでも最高峰といえるのが〈ロレール〉です。フランス・バスク地方で唯一現存するベレー専門のブランドで、1840年の創業から継承されてきた伝統と技術を背景とした確かな品質を誇ります。今年の秋から「和田商店」の定番になる名品です。

■ TRUJILLO'S Chimayo Vest / U.S.A.

モードなスタイルにも似合う
単色柄の特注チマヨベスト

チマヨベストのブランドは数社あるものの、両脇にハギのない一枚仕立てを貫く〈トルイーヨ〉が一番好き。こちらは十数年前、ニューメキシコ州のチマヨ村で直接オーダーしたもの。本来なら胸&背中の矢羽根柄は何色かで表現されていますが、ブローチやピンズをつけて着たいと考えて黒一色で依頼しました。

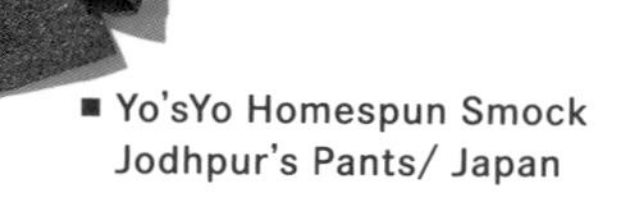

■ Yo'sYo Homespun Smock
Jodhpur's Pants/ Japan

飽きずに着られる
ホームスパンのセットアップ

〈ビームス ボーイ〉で長年ディレクターを務めた岩沢 洋による自社ブランド〈ヨーズヨー〉。残念ながら現在はありませんが、クセの強いデザインが多く、私好みのアイテムばかり。一番のファンを自負していました。スモックとジョッパーズパンツのセットアップなんて、なかなかないでしょ?

■ CLARKS ORIGINALS × BEAMS
Desert Boots / England

着こなしのアクセントになる
BEAMS色のデザートブーツ

いつの時代も〈クラークス〉は「BEAMS」に欠かせないシューズブランド。オレンジ色のデザートブーツは、「BEAMS」の35周年を記念した別注モデルとして、同僚の伊藤雄一郎が手掛けたものです。斬新なカラーでしたが、見事に完売! 二度と実現できないでしょうから、買っておいてよかった。

漆黒の矢羽根にとまった、鈍く輝く幸福の鳥

Brooch : Vintage

Hat : 1940s STETSON
Jacket : ARC'TERYX
Shirt : Kanell INDUSTRIEL
Pants : NIKE
Sandals : NELSON

博物館級のガージア人スカートを重ね穿き

■ Metal Beads Necklace
/ Ethiopia

不揃いなビーズも味わい深い
規格外のエチオピアネックレス

エチオピア中西部に位置するゴジャムという地方で作られる、民族衣装の装身具であるメタルビーズのネックレス。ポピュラーなものは一重巻きの長さになりますが、蚤の市で知り合った方が現地へ行った際に連絡を取り、「和田商店」用に規格外のロングタイプを別注しました。130㎝に設定しているので、二重にも巻けて見映えがします。古来変わらない手作業で、熟練の職人が一粒一粒巻き付けるように製作するというビーズは、機械的ではない不揃いなところも飽きない魅力です。

■ Mid 1800s Ge-jia Miao Wrap Skirt
/ China

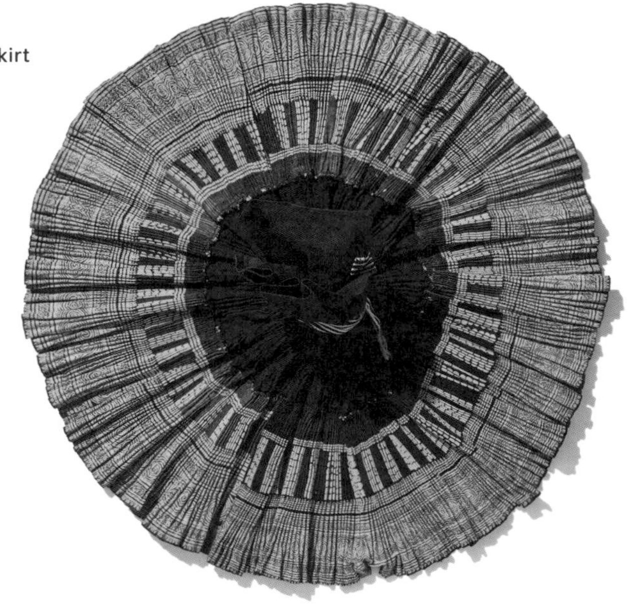

資料としての価値も高い
藍染のプリーツ巻きスカート

中国・貴州省、革家（ガージア）人の藍染プリーツ巻きスカートで、19世紀中頃の貴重な代物になります。2004年に、少数民族の衣装を集めた伝説的な展覧会が開催されたのですが、あいにく私は行けなくて。後年、何とか手に入れた展覧会の図録は、当時よく勉強したバイブルとも言える一冊です。このスカートは図録の表紙も飾っており、ただただ見惚れるばかりでしたが、幸運なことに10年ほど前に手に入れることができました。手紬の木綿、藍のろうけつ染の文様、繊細で均一なプリーツ、コンディションもすべてが素晴らしく、博物館級のクオリティです。

■ Vintage Miao Traditional Wear / China

幅広く所有しているなかでも最もスペシャルなミャオ族の民族衣装

中国・貴州省の苗（ミャオ）族といえば、女性が身につけるシルバーアクセサリーが知られていますが、こちらは滅多に出回らない男性用の衣服。藍染に草木染が重ねられていて、黒に近いインディゴブルーに染め上げられています。表面には手で摘んだり捻ったりしたシボ加工が入り、そのうえで全体に総刺し子が施された、たいへん手間隙のかけられた逸品です。いろいろと所有している民族衣装のなかでも一番のスペシャルピースですね。これにテック系のタイトなボトムスやコンパクトなシューズを合わせるのが好きです。

Pants : NIKE
Shoes : FITKICKS

ミャオ族のブラックインディゴが深すぎる

Coat : 1920s Brooks Brothers
Pullover : Patagonia
Pants : OrSlow × BEAMS JAPAN

■ DOEK SHOE INDUSTRIES
Sneakers / Japan

100年前の燕尾服に久留米の肉厚スニーカー

オーセンティックだけど少し違う
大人のチョットいいキャンバススニーカー

ゴム産業が盛んな福岡県の久留米。ことにヴァルカナイズド製法の技術は世界でもトップレベルを誇ります。〈ドゥック〉は、この地で140年続く履き物メーカーが手掛けるブランドです。アッパーのキャンバス地も、久留米絣に使う旧式織機で織られているので風合いに富み、ソールとの配色センスも抜群。履き込んでヤレてくると、さらに格好よくなります。ヴァルカナイズドのスニーカーは、ほぼココしか履かなくなりました。ちなみにシューレースは蝶結びした余りを編み上げの中に挟み込んで、ブラブラさせないのが和田流です。

夏の藍染セットアップに英国製のペッタンコ靴

Cap : Vintage
Suit : copano86
T-Shirt : 1960s Champion
Socks : Pantherella

■ CROWN Dance Shoes / England

サマースタイルの足元を飾る ハイコスパな英国製ダンスシューズ

5～6年前から夏の足元を任せるマイ定番となっているのが〈クラウン〉。英国靴の聖地・ノーサンプトンを本拠地とし、1984年の創業からメイド・イン・イングランドを貫いています。元々はファッションアイテムではなく、出自はダンスシューズ。このクオリティにして1万円台前半というコスパの高さが何よりの魅力で、ホワイトのほかにブラックとネイビー、シルバー、そして履き潰してしまいましたがベージュも持っていました。夏場はショーツに〈ビルケンシュトック〉ばかりになるものの、サンダルが気分じゃない日はコレです。

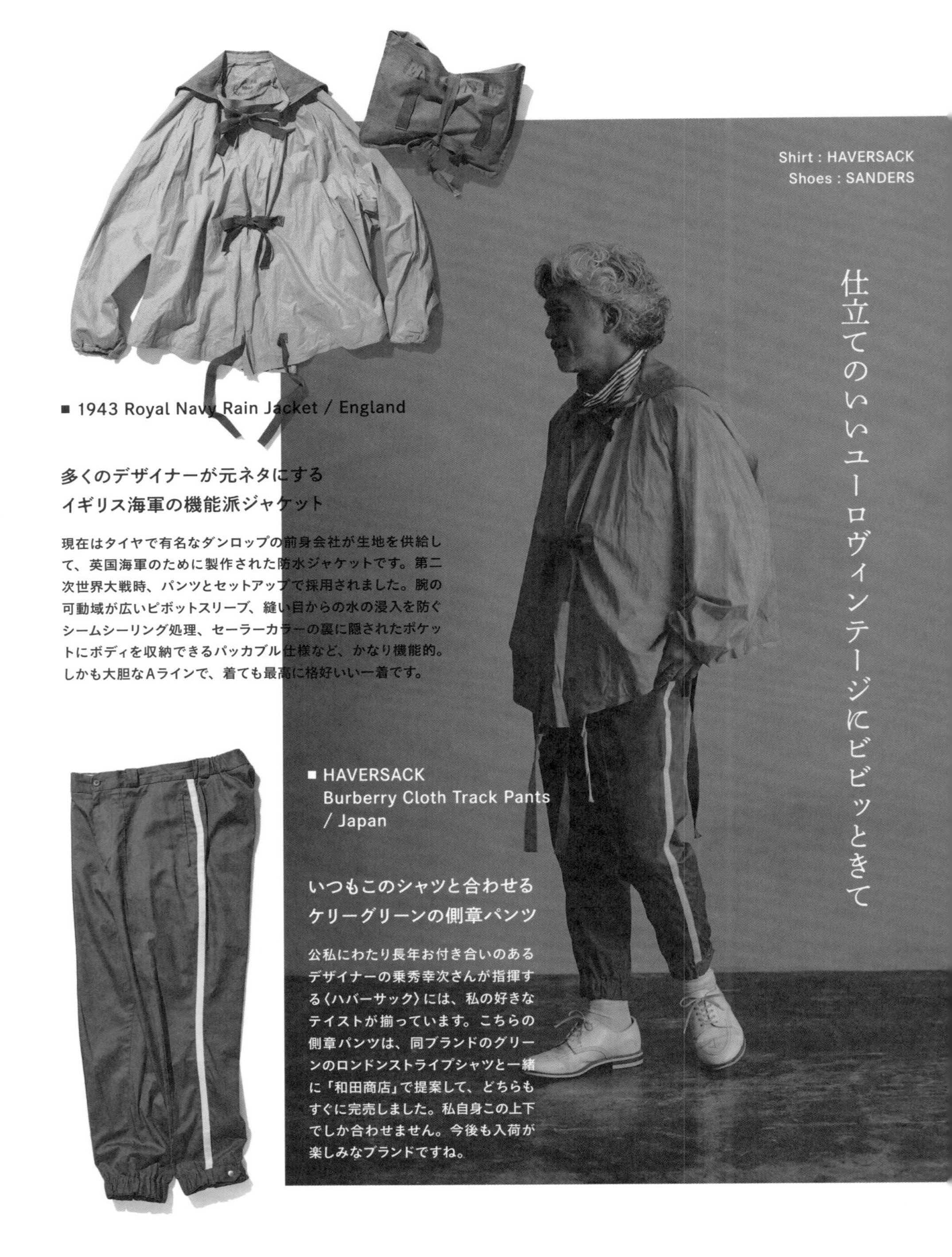

Shirt : HAVERSACK
Shoes : SANDERS

仕立てのいいユーロヴィンテージにビビッときて

■ 1943 Royal Navy Rain Jacket / England

多くのデザイナーが元ネタにする イギリス海軍の機能派ジャケット

現在はタイヤで有名なダンロップの前身会社が生地を供給して、英国海軍のために製作された防水ジャケットです。第二次世界大戦時、パンツとセットアップで採用されました。腕の可動域が広いピボットスリーブ、縫い目からの水の浸入を防ぐシームシーリング処理、セーラーカラーの裏に隠されたポケットにボディを収納できるパッカブル仕様など、かなり機能的。しかも大胆なAラインで、着ても最高に格好いい一着です。

■ HAVERSACK
Burberry Cloth Track Pants
/ Japan

いつもこのシャツと合わせる ケリーグリーンの側章パンツ

公私にわたり長年お付き合いのあるデザイナーの乗秀幸次さんが指揮する〈ハバーサック〉には、私の好きなテイストが揃っています。こちらの側章パンツは、同ブランドのグリーンのロンドンストライプシャツと一緒に「和田商店」で提案して、どちらもすぐに完売しました。私自身この上下でしか合わせません。今後も入荷が楽しみなブランドですね。

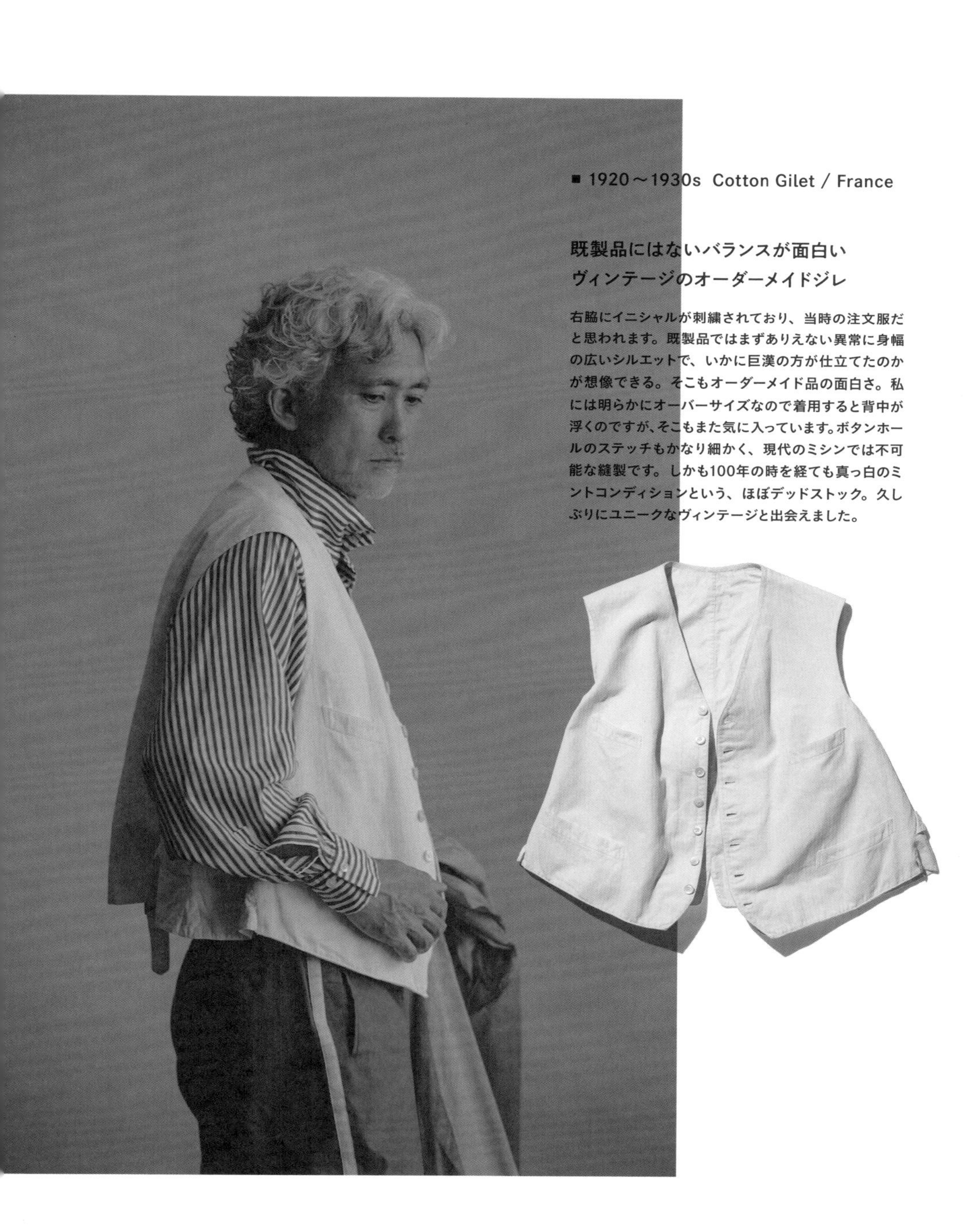

■ 1920～1930s Cotton Gilet / France

既製品にはないバランスが面白い ヴィンテージのオーダーメイドジレ

右脇にイニシャルが刺繍されており、当時の注文服だと思われます。既製品ではまずありえない異常に身幅の広いシルエットで、いかに巨漢の方が仕立てたのかが想像できる。そこもオーダーメイド品の面白さ。私には明らかにオーバーサイズなので着用すると背中が浮くのですが、そこもまた気に入っています。ボタンホールのステッチもかなり細かく、現代のミシンでは不可能な縫製です。しかも100年の時を経ても真っ白のミントコンディションという、ほぼデッドストック。久しぶりにユニークなヴィンテージと出会えました。

Sweatshirt : Vintage
Pants : BIAS
Shoes : adidas
Neck Pouch : Tuareg Amulet
米国ワークブランドらしからぬ仕立てに惚れ惚れ

■ 1930s GREENEBAUM WEIL & MICHELS.
Melton Jacket / U.S.A.

現代では困難な凝りに凝った仕立てで有名デザイナーも絶賛のメルトンジャケット

1890年代から存在する米国のワークウェアブランドで、これは1930年代の珍しいスポーツジャケットです。原宿のヴィンテージショップに飾られていた参考商品を、頼み込んで販売していただきました。まるでコートのように分厚く目の詰まったヘビーメルトン、とてもアメリカ製とは思えないような凝った仕立ても実に素晴らしいですね。パリの展示会に着て行った際、とある有名デザイナーが興味津々で近寄って来て「スゴイぞ、このジャケット！」と周りの仲間を呼び集めて盛り上がり、大いに褒められた思い出があります。

Scarf : Vintage
Track Jacket : adidas
Pants : Champion × BEAMS

■ 1930s Tweed Jacket / France

重ねられた補修がアート作品のような ツギハギだらけのツィードジャケット

複数の生地を組み合わせたデザインのようにも見えますが、元々は普通のツィードジャケット。破れたところを別布でツギハギしたり、取れたボタンを付け替えたり、重ねられたリペアの賜物です。ライニングのない一枚仕立てで、表側はマイクロハウンドトゥース、内側はランダムチェックのダブルフェイスになっているのが当時を物語ります。もはやアート！

■ JOHNNY MOKE
Vamp Shoes / England

この道に進むきっかけとなった 宝物のヴァンプシューズ

1989年、19歳のときに博多の名店「ハリーズ」で購入。英国のトリッカーズの工場で作られていて、良質なリザードとヌバックのコンビにスゴイ靴だと衝撃を受けましたね。値段は4万6000円、当時の私にはかなり高額だったのを憶えています。この一足に刺激されてファッション業界を志し、その後すぐに「ビームス 福岡」でアルバイトを始めたんです。

サヴィル・ロウのコートとツギハギツィードと

■ Fallan & Harvey Covert Coat / England

名門テーラーの無骨と洗練が息づくビスポークのカバートコート

無骨と洗練を兼ね備えている〈ファーラン&ハーヴィー〉は、名門ひしめくサヴィル・ロウでも一番好きなテーラーです。本来は狩猟向けの生地を使用したカバートクロスのコートは、12年前にオーダー。当時は紙の新聞を購読していたので、A4サイズの内ポケットを設けていただきました。スーツに合わせることは少なく、こうしたカジュアルな装いに羽織ることが多いですね。

Shirt : Brilla per il gusto
Tie : Vintage
Sweatshirt : 1950s Champion
Pants : BEAMS PLUS

過剰スペックな米軍ベストと革靴界のロールス・ロイス

■ 1940s U.S. Army
D-day Invasion Vest / U.S.A.

10年前、知らずに購入した ノルマンディー上陸作戦ベスト

ノルマンディー上陸作戦用に製作されたアメリカ陸軍のDデイベスト。〝Dデイ〟とは作戦の決行日、すなわち1944年6月6日を示す軍事用語だとか。当時1万着程度しか生産されなかったらしく、しかも多くが戦時中に処分されたため現存数が極めて少ない。たまに発見されても目玉が飛び出るくらいの高額で取引されています。着丈が長く、凝りすぎたディテールが災いして米兵からは実用的ではないと大不評だったようですが、ファッションとしては大活躍してくれています。

■ HEINRICH DINKELACKER
Cordovan Plain Toe Shoes
/ Germany

〝革靴のロールス・ロイス〟と 讃えられるドレスシューズ

絨毯の上を歩いているような良好な履き心地から、〝革靴のロールス・ロイス〟と謳われる〈ハインリッヒ ディンケラッカー〉。トリプルソールでありながら反りがよく、歩きやすく疲れにくいですね。このコードバンのプレーントウシューズは、生産がスペインに移る以前のハンガリー製。ボテッとしたフォルムも、細身のパンツが多い私のワードローブにマッチします。

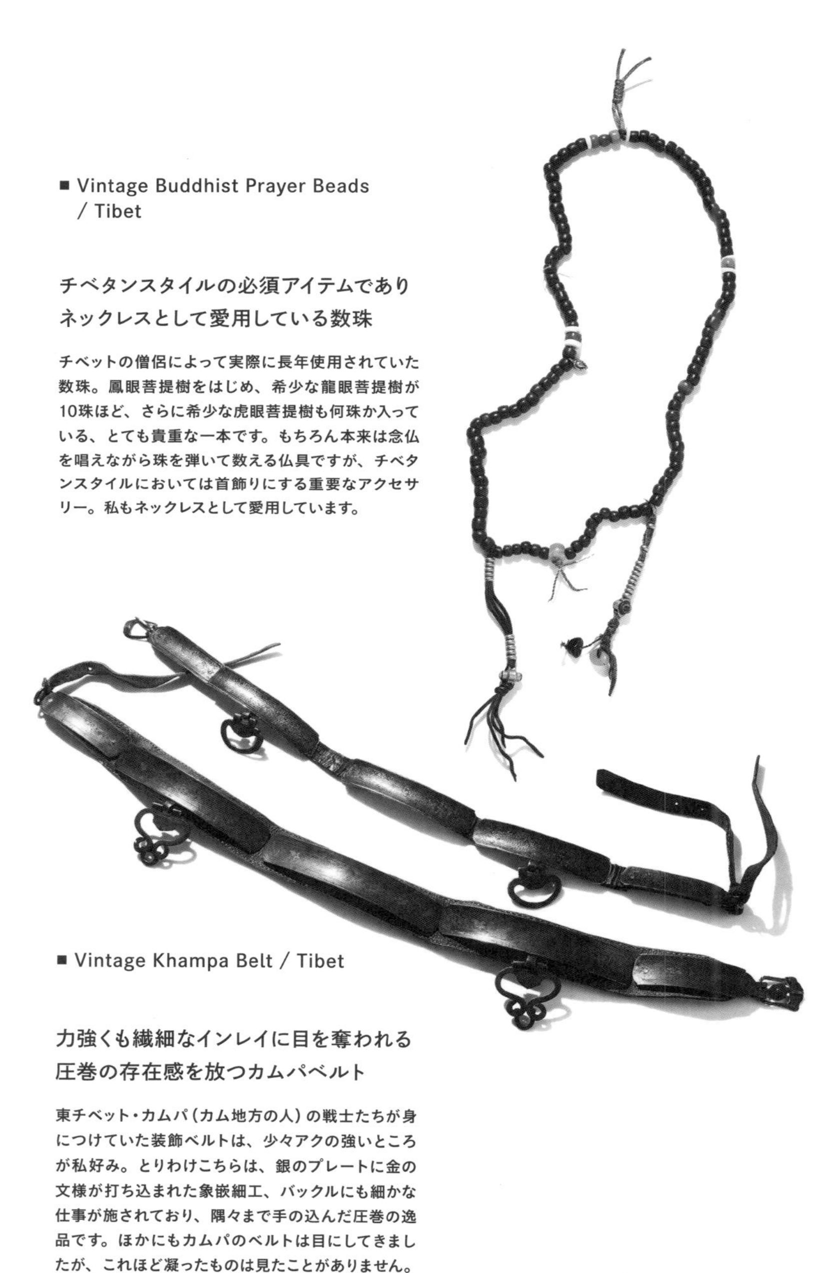

■ Vintage Buddhist Prayer Beads / Tibet

チベタンスタイルの必須アイテムであり ネックレスとして愛用している数珠

チベットの僧侶によって実際に長年使用されていた数珠。鳳眼菩提樹をはじめ、希少な龍眼菩提樹が10珠ほど、さらに希少な虎眼菩提樹も何珠か入っている、とても貴重な一本です。もちろん本来は念仏を唱えながら珠を弾いて数える仏具ですが、チベタンスタイルにおいては首飾りにする重要なアクセサリー。私もネックレスとして愛用しています。

■ Vintage Khampa Belt / Tibet

力強くも繊細なインレイに目を奪われる 圧巻の存在感を放つカムパベルト

東チベット・カムパ（カム地方の人）の戦士たちが身につけていた装飾ベルトは、少々アクの強いところが私好み。とりわけこちらは、銀のプレートに金の文様が打ち込まれた象嵌細工、バックルにも細かな仕事が施されており、隅々まで手の込んだ圧巻の逸品です。ほかにもカムパのベルトは目にしてきましたが、これほど凝ったものは見たことがありません。

■ 1920s Wool Jacket / The Netherlands

その希少性もさることながら、純粋に格好いい礼拝ジャケット

教会での礼拝の際に着用される、オランダのウールジャケットです。生地は毛羽立っているにもかかわらず強い光沢があり、ほかでは見たことのない独特の存在感があります。また、かなり構築的で立体感のある作りになっていて、アームホールは締まっているのに腕の可動域が広く、とても着やすい。ここまで凝った構造は現代の量産服では不可能だと思います。なかなかお目にかかれない希少性もさることながら、デザインや素材感、色合い、仕立てとすべてが優れており、純粋にファッションアイテムとして惹かれます。

■ Scye Dolman Raglan Sleeve Jacket / Japan

ブランド最初期の大ヒット名作、ドルラグジャケット

翌年にブランドデビューを控えた1999年、〈サイ〉のデザイナー日高久代さん＆パタンナーの宮原秀晃さんが、「BEAMS」主要レーベルの全バイヤーが集まるなか直々にプレゼンしてくださったジャケットです。ドルマンスリーブとラグランをミックスさせた特徴的な袖付けから〝ドルラグ〟の愛称で呼ばれ、さっそく私がセレクトすると、ショップには東京はもとより全国各地から業界関係者が殺到。雑誌Beginの名物連載である月間ベスト10のランキングで第1位、さらに、年間のヒット商品ベスト100を振り返る恒例特集の第1回でも栄えある第1位に輝きました。私のバイヤー歴でも特に思い出深いアイテムです。

Knit : JOHN SMEDLEY
Necklace : Niger Amulet
Shoes : Vintage

60年代米国西海岸的コンポラスーツが今こそ新鮮

■ Scye 2B Suit / Japan

細身のシルエットと踝丈がお気に入りのコンポラスーツ

アメリカ東海岸のトラッドに対し、西海岸で1960年代に流行したコンテンポラリースーツ、通称〝コンポラスーツ〟。細身のシルエットやナローラペルなど、そのスタイルを落とし込んだ〈サイ〉では珍しい一着です。パンツは私の好みで踝丈に裾上げしています。スーツを着る際も、冠婚葬祭や式典といったフォーマルな場面でなければネクタイをすることは少ないですね。代わりに〈ジョンスメドレー〉のハイネックニットと、西アフリカ・ニジェールの女性のお守りであるレザーネックレスを合わせました。足元にはUSネイビーのチャッカブーツを。

Shirt : Brilla per il gusto
Tie : Tricot-Dio
Shoes : George Cleverley

サヴィル・ロウ謹製3つボタン的2つボタン

■ Fallan & Harvey 2B Suit
/ England

体型が変わっても安心な
あつらえ品のハイ2Bスーツ

P.39のコートと同じく〈インターナショナルギャラリー ビームス〉で毎年開催していたオーダー会であつらえました。ビスポークとはいえ奇をてらわず、王道のスタイルです。ただ、3BのようにVゾーンを少しだけ狭く見せたかったので、よりクラシカルな2Bのままボタンの位置を高めにしています。翌年には共地のジレを追加して、3ピースでも合わせせられるようにしました。〈ファーラン&ハーヴィー〉の素晴らしいところは、仮に体重が15kg増えたとしても、お直しで対応できる仕立てになっている点。ですので、先々までずっと安心して着られるんです。

Shirt : BEAMS F
Tie : FRANCO BASSI
Shoes : EDWARD GREEN

ピーター・ハーヴィー氏による心意気のダブル

■ Fallan & Harvey 6B Double Breasted Suit / England

これが最後かも!?とオーダーしたダブルブレステッドのスーツ

こちらもオーダー会でビスポークしたもの。ピーター・ハーヴィーさんがご高齢なので今後は来日が難しくなりそうと聞きつけて、慌ててオーダーしました。21歳のときに吊るしで購入した同社のスーツが3B、前回が2B、あと必要なのはダブルということで作りましたね。基本的には極めてクラシックですが、私は胸板が厚めだからと氏の提案でラペルの裏にダーツを入れ、バスト周りにボリュームをつけていただきました。こうした個人に応じたフィッティングは、まさにビスポークの醍醐味。これを含めて歴代3着のスーツがあればフォーマルは完璧です。

Scarf : Vintage
Pants : Carhartt
Socks : Pantherella
Shoes : HEINRICH DINKELACKER

大胆リメイク作品に付け衿をつけて

■ SCOUT Remake Coverall / U.S.A.

ドローイングでリメイクされた まさに幻のカバーオール

〈スカウト〉は、〈RRL〉出身のデザイナーとタトゥーアーティストの女性によるNYブランド。こちらはホワイトダックの既製品をボディに使用して、直筆のドローイング＆ヴィンテージレザーのエルボーパッチでカスタムされたリメイクアイテムです。ただ、同じアートワークをプリントしたTシャツは発売されたものの、カバーオールがデリバリーされる前にブランドを解散したようで音信不通に。商品化されず、当時バイヤーだった私の手元には、この返却できなかったサンプルが残りました。

■ TAKAHIROMIYASHITATheSoloist. Attachment Lapel Collar / Japan

着こなしのアクセントになるアタッチメントラペル

あらゆるコート＆ジャケットのラペルだけを商品化した付け衿は、〈タカヒロミヤシタザソロイスト.〉の2020年秋冬コレクションのアイテム。Tシャツやトラックジャケットに合わせたり、ベストのインに投入したり、スカーフ感覚で使っています。これを首元に掛けるだけで少しキチンとして上品に見えるので、コロナ禍でのリモート会議で大活躍!?しました。しかも、仕立ては丁寧で本格的だからキレイにフィットします。他にも多種多様に持っていますが、何枚あっても足らんとです！

Longsleeve T-shirt : BEAMS PLUS
T-shirt : Vintage
Shoes : VANS

ボロなのに美しい、いやボロゆえに美しい

■ 1930s Stripe Work Pants / France

この上なくクリエイティブに映る
奇跡のリペアワークパンツ

洋服を使い捨てせず、何度もリペアを繰り返して大切に着続けられていた時代のもの。今ではこうしたボロ着・ボロ布は〝BORO〞として世界の共通語になり、骨董価値も高まっています。この一本も狙って創作されたデザインではないのに、もはやアートと呼べる佇まい。私も補修をしながら大事に穿いていますし、次の世代に引き継げたら嬉しいですね。

■ 1930s Indigo Linen Work Pants / France

出会ったときのドキドキが忘れられない
ディテールも見どころのリペアワークパンツ

デニム地ではなくインディゴ染めのリネン帆布をはじめ、幅の広い腰帯、サスペンダーボタン＆尾錠、そして深い股上にズドンと太いシルエットなど、1930年代のディテールがテンコ盛り。さらにリペアも最高のバランス。２つとして同じ表情がないので、出会ったときの高揚感は忘れられません。この２本があれば、他のリペアワークパンツは要りません。

■ 1950s STETSON Hat / U.S.A.

カウボーイの直筆サインに覆われたウエスタンハット

帽子は普段からよく着用します。これは、テキサス州のダラスで開催される最大級のロデオイベントの会場で、極少量販売された〈ステットソン〉のシグネチャーコレクションモデル。ハット自体にはニューオーリンズのハット専門店による別注品が使われ、全面に参加者の直筆サインが寄せ書きされているレアな一品。私には、それがグラフィックのように映るんです。

■ Schott Rider's Vest / U.S.A.

アーティスト内田洋一朗がカスタムしたライダースベスト

そうそうたる人気ブランドともコラボしている福岡のアーティスト、内田洋一朗さん。個人的にお願いして、〈ショット〉のライダースベストにカスタムペイントを描いていただきました。衿の下には私のニックネーム、背中にはプロレスの神様であるカール・ゴッチの金言が入っています。日本語に訳すと〝決してウソをつくな。決してごまかすな。決して諦めるな〟。

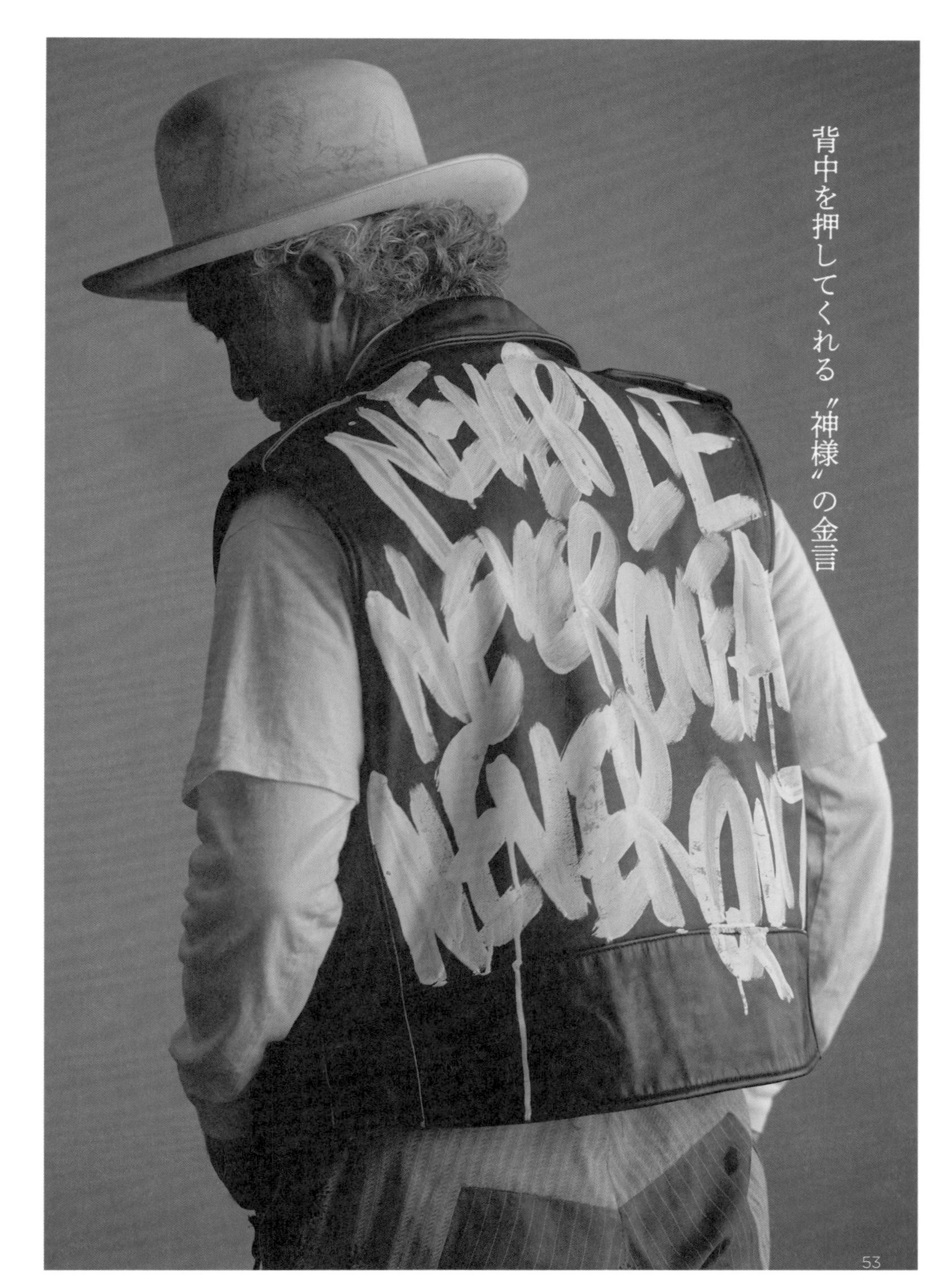

背中を押してくれる〝神様〟の金言

■ copano86 Two-tone Coverall / Japan

スタンリー・マウスが描いた
一点モノのカバーオール

グレイトフル・デッドのアートワークで知られるほか、「MoMA」でも作品が展示されているサイケデリックアートの巨匠、スタンリー・マウスさん。2011年に米国のファッション展示会を訪れた際に偶然お会いして、自分が着ていたカバーオールを脱いで即興でドローイングしていただきました。急で不躾なお願いにもかかわらず、時間をかけて一生懸命に描いてくれて感動！　いっそう大ファンになりました。

■ Sori Yanagi Fabric Remake Pants / Japan

カーテンの余りを再利用した
柳宗理ファブリックのパンツ

結婚当初から暮らしていた我が家でカーテンにしていた柳宗理のファブリック。現在の住まいへ引っ越した際に以前より窓が小さくなったので、カットして作り直したんです。それで出た余り生地を再利用して、岡山のジーンズ工場で特別に1本だけパンツを製作していただきました。やっぱり布は大切にしたいし、新品ではなく、家族を育んだ思い出の空間の布だから意味があると思っています。

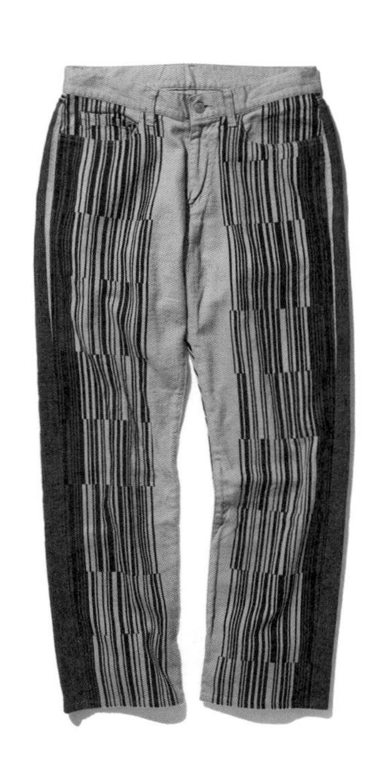

■ Schott Onestar Rider's Jacket / U.S.A.

飾ったりせずガンガン着ている
珠玉のライダースジャケット

P.52のベストと同じく、アーティストの内田洋一朗さんに依頼して2016年に描いていただいたもの。こちらはアントニオ猪木の伝説のスピーチ"道"を英訳したタイポグラフィーをペインティング。ボディはライダースの代表格〈ショット〉のワンスターです。美術的価値が高いのは重々承知ですが、絵画のように飾って眺めるのではなくガンガン着ています。

Knit : Royal Navy
Pants : TAKAHIROMIYASHITATheSoloist.
Shoes : adidas

丁寧な手仕事とは、このアウターのことを言う

■ 1940s Kewa Battery Bird Necklace / U.S.A.

ミュージアム所蔵級のレアモノ
バッテリーバードのネックレス

アメリカンインディアン、キワ（サントドミンゴ）族のバッテリーバードと呼ばれるネックレスです。主に1930～40年代に製作され、世界恐慌による物資不足に伴い、樹脂パーツには自動車のバッテリーケースやレコード盤などの廃材が再利用されています。なかでもこちらの作品は、サンダーバードとナジャを融合した極めて珍しいモチーフ。ナジャはラッキーアイコンの馬蹄を基にしたデザインとされ、子宮を表すことから子孫繁栄や女性を称賛する意味があります。ピアスとセットで手に入れ、ピアスは妻が愛用しています。

■ TAKAHIROMIYASHITATheSoloist. Vintage Quilt Flight Jacket / Japan

リサイクル布の古いキルトを
さらにリメイクしたブルゾン

古くなったサリーや腰布などを活用して作られる中央アジア伝統のラリーキルト。そのヴィンテージ品をリメイクした2019年のアイテムです。1着を仕立てるのに1枚のキルトを使い、色柄のよい部分を裁断・配置しており、相当な手間暇がかけられています。生地を厳選して1点ずつ考えて指定するデザイナーの宮下貴裕さんも、それをカタチにする工場も大変な作業です。オーバーサイズなこともありなかなかの重量ですが、優しくフェードした表情が気に入って着ています。

カッタウェイフロントと軍パン＋ブーツと私

■ MOUNTAIN RESEARCH
Cutaway Jacket / Japan

洋服が丁寧に作られていた時代 その心を感じさせるジャケット

いつもユニークな発想で楽しませてくれる〈マウンテンリサーチ〉。デザイナー小林節正さんのやることなすことが好きです。このジャケットは2014年のアイテム。裾に向かって左右に広がるカッタウェイのフロントは、1930年代くらいまで多く見られた仕様であり、いわば洋服が丁寧に作られていた時代。私もこの時代の洋服にグッときます。ウール×カシミヤ素材なのでフリースのように暖かいですね。

■ GRIZZLY BOOTS Logger Boots / U.S.A.

メイド イン U.S.A.のラフさに 妙味と愛嬌があるワークブーツ

数ある米国のワークブーツの中でも、私的No.1が〈グリズリーブーツ〉。今では90歳を超える男性が作っており、不均一なステッチ、波打つコバ、ペコペコとヘコむトウなど、新品なのに何年も履き込まれたようなルックスでした(笑)。それでいて20年前の購入当時で6万8000円という高価格！ もっと高品質&低価格なブランドはありますが、このラフさにアメリカ製の味わいと愛嬌を感じます。

最優秀インナーは、アディダスのトラックジャケット

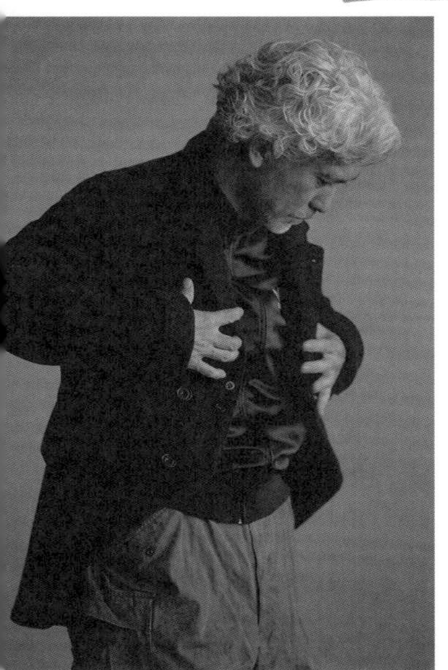

■ 1980s adidas Track Jacket / Germany

気づくとワードローブに増えていた 美色・珍色の1980年代製トラックジャケット

収集癖はないつもりですが、〈アディダス〉の1980年代製トラックジャケットだけはたくさん所有しています。手を伸ばしやすい価格だったので、持っていない配色や珍しいカラーリングに出会うと必ず購入してきました。さらに、美色であってもサイズが合わない小さい古着は、当時福岡の実家暮らしで遠距離恋愛中だった妻に送っていましたね。「娘の彼氏は何でジャージーばかり送ってくるのか?」とご両親が不思議に思っていたそうです(笑)。ただ20数年前は5800円程度だったのに、いつしか7800円になり、ついに1万円を超えてからは買わなくなりました。だけど今でも、私のスタイリングに欠かせないアイテムです。

Sunglasses : TAKAHIROMIYASHITATheSoloist.
Shoes : YUKETEN

真似のできない服とはこのツナギのことを言う

■ TAKAHIROMIYASHITATheSoloist. Jump Suit / Japan

宮下貴裕にしか作れない、カオスにして芯の通ったジャンプスーツ

世間と一緒の方向を向かず、トレンドも売れ線も追わず、自分の道を突き進む〈タカヒロミヤシタザソロイスト.〉の宮下貴裕さん。誰も作らない洋服、世の中にないモノを生み出している姿勢とクリエーションを心からリスペクトしています。このジャンプスーツは2022年秋冬コレクションの作品で、ベルベットのネックパイピングやくるみボタンといったクラシカルなヨーロッパのディテール、袖口＆裾のボンテージ仕様、アシンメトリーなファスナー、それでいてゆったりサイズのサルエルシルエットになっているなど、いろいろな要素が入り混じっています。それをロックの世界観のもとに一本の芯を通して、ひとつに融合しているところがスゴイ。こんな洋服をデザインできるのは彼だけです。

■ Piteado Belt / Mexico

装いにスパイスを効かせる
伝統工芸のピタードベルト

現地ではピタと呼ばれ、テキーラの原料にする植物であるアガベ。その繊維から紡いだ白い糸を使って、レザーにハンド刺繍による装飾を施したピタードベルトは、メキシコの伝統的な美術工芸品です。幾何学模様が気に入って10年ほど前に手に入れ、日頃からよく愛用しています。

■ OLD PARK Remake
Denim Pants / Japan

着こなしに応じてシルエットを
変えられるリメイクデニム

リメイク界の天才であり、大切な友人でもある中村仁紀さんが手掛けるブランド〈オールドパーク〉。こちらは、誰もが知るあの名作ヴィンテージデニムを再構築して作られています。生地を縫い付けず、浮かせたままにするフラシ仕様になっており、股上に配されたボタンを留める位置によってスリムフィットに見えたり、フレアシルエットに見えたり。ギミックに富んだ、想像力あふれる一本です。

Hat : La Providencia
T-shirt : 1940s Champion
Sandals : SENTIER

かくも大胆な〝名作〟リメイクを私は他に知らない

■ Limmer Boots Trekking Boots / U.S.A.

世界中のハイカーやバックパッカーから 支持される本気のトレッキングブーツ

私のなかで最高峰のブーツである〈リマーブーツ〉。100年超の歴史があるドイツ系移民による米国ブランドですが、アッパーの製造はドイツ、ノルウィージャン製法でのソール付けは米国で行われています。一枚革のアッパーが足を包み込んでホールドし、レザーの裏地&インソールによって、滑らかな足入れと極上のフィット感が味わえます。

■ BEAMS Knit Cardigan / Japan

苦楽をともにした同志による 何かと使い勝手のいいカーディガン

プレッピースタイルがリバイバルした2010年前後、同僚のバイヤーであった石橋一興が企画したカーディガン。ざっくりと編み立てられたローゲージニット、モノトーンでの配色、サイジング、すべてのバランスが絶妙で手放せない一枚になっています。ファッションへの造詣が深く、行動力のある彼のセンスや仕事ぶり、人柄も大好きです。

■ Sanca Hoodie / Japan

数あるスウェットのなかでも着心地No.1 色合いやフェード感も滋味深いフーディ

「BEAMS」でチーフバイヤーを務めていたかつての上司・丸山剛彦さんが独立し、2007年にスタートしたブランド〈サンカ〉。一緒に出張へ行った思い出もある和歌山の工場で、希少な吊り編み機によって空気を含ませながらゆっくりと編み立てられた裏毛スウェットは、柔らかくモッチリとした風合い。あまりに気持ちよくヤミツキになります。

■ B・E Mohair Rider's Jacket / Japan

海外の工場へ行き、その場で企画した 思い入れひとしおのモヘアライダース

1997年の立ち上げから10年間、店頭での販売員をしながらバイイングと商品企画を担当していたオリジナルライン〈B・E〉。オリジナルの域を超えたこだわりのアイテムは、目の肥えたお客様にも人気でした。肉厚のモヘアニットを使ったライダースは、とある人気ブランドのデザイナーの方が手に取り、そのクオリティの高さに驚かれていました。

■ ROLEX Watch / Switzerland

尊敬する2人の父から意思を受け継ぐ2本のロレックス

オイスターパーペチュアルデイト(左)は父の形見です。豪快でありながら繊細なところもあり、私が思う勝新太郎のような人でした。一方のサブマリーナー(右)は、妻の親である義父の形見。"第四偵察隊の鉄人"と呼ばれた自衛官であり、実直で熱心で工夫を感じられる仕事をする方でした。尊敬する2人の意思を継いで時を刻んでいきたいですね。

■ BEAMS Knit Cap / Japan

海外出張で"映える"ポップなカタカナデザインのニットキャップ

バイヤー時代の同僚であり、ポップな商品を作らせたら右に出る者はいない北川浩嗣。彼はカタカナで"ビームス"とあしらった斬新なデザインをはじめ、ユニークなアイテムをいろいろとヒットさせていました。このニットキャップは後任のバイヤーが企画したものですが、こうした優れた感性が次代へ継承されているところも「BEAMS」の強みです。

■ B·E 66 Chinos / Japan

ヴィンテージ仕様と美シルエットを両得ロングセラーになった66チノ

かつて私が企画した一本です。高密度のウエポン生地、2㎜幅の両玉縁バックポケットなど、米軍の名作41カーキの仕様を随所に取り入れています。一方、シルエットはいわゆる"66モデル"を洗練させた程よい細身。しかも生産は、ミリタリー服の復刻で名を馳せる東洋エンタープライズに依頼。私自身、人生で一番穿いているチノパンです。

■ BIRKENSTOCK Sandals / Germany

一番好きなモデルはチューリッヒだけど、つい履いてしまうのはカイロ

かれこれ30年も昔ですが、日本で〈ビルケンシュトック〉を履いていたのはアパレル関係者くらいでした。だから僕のなかでは"洋服屋のサンダル"という憧れの存在でした。ここ数年は、夏になるとビルケンか〈クラウン〉ばかりです。特にカイロは、トング&踵のストラップで足が抜けないし印象もヌケすぎない。20年来ずっと大切に愛用しています。

半分仕事で、半分道楽。「和田商店」24時間営業中。

セレクトショップも〝個人〟が一人ひとりのお客様とつながる時代。そんな想いから2022年にはじまったのがB印MARKETです。私自身も「和田商店」という看板を掲げ、日々趣味を兼ねた(笑)リサーチを行い、〝服ショーグンの太鼓判〟が押せるモノや情報を思い入れ120%でご紹介しています。例えば、花柄が印象的なネパールの手芸ニット(P.22)や、大江戸骨董市で見つけて特注したエチオピアのロングネックレス(P.29)は、「和田商店」のリサーチをするなかで出逢った掘り出し物。どちらも少数生産ということもありますが、ご紹介してすぐに完売してしまいました。この2つに限らず、私自身が〝これがいい〟と惚れ込んだモノをオススメし、共感してくださった方に手にしていただく。私の洋服屋としての〝原点〟をデジタルを通して表現したショップが「和田商店」なのです。

B印MARKETとは：「ビームスの太鼓判。Selected by 〝BEAMS〟」を掲げ、世界中にあふれるサービスの中からビームススタッフ個人がセレクトしたさまざまな〝モノ〟や〝体験〟を、とっておきのストーリーとともにお届けするサイト。「和田商店」は立ち上げ当初から出店。

ある晴れた休日、
趣味と仕入れを兼ねて
「大江戸骨董市」と
お気に入りのショップ
経堂の「ルンタ」をハシゴしたり……。

服ショーグン″の休日に密着。朝から、有楽町・東京国際フォーラムで開催される大江戸骨董市で世界の民藝品や骨董品を物色
この日の戦利品はインドネシアの儀礼用スプーン。十数軒の露店を訪問した後、午後からは世界各地の家具や雑貨を扱う経堂
ショップ「Rungta（ルンタ）」へ。足繁く通っているお店のひとつで、ラトビア陶器（P.82）はこのお店で購入したもの。

Talk Session vol. 01

服ショーグンと10代からの絆

〝服ショーグン〞こと和田健二郎を作ったのは、人との出会い。「ビームス 福岡」でアルバイトを始めた10代の終わりには、生涯の友との出会いがありました。岡野将之さんはハンカチを扱う老舗会社の社長に、幸田修治さんはオリジナル生地のスニーカーが人気を博すブランドの代表に。「BEAMS」との付き合いも深い２人を交えて、「ビームス 福岡」の立ち上げにまつわる思い出やファッションについて語らいました。

川辺株式会社 代表

岡野将之さん

1969年、大分県生まれ。大学時代に「ビームス 福岡」でのアルバイトを経験し、ハンカチやスカーフ、マフラー等の製造販売を行う老舗企業の川辺へ入社。2019年、同社の代表に。〝人と人との繋がりを大切にする〞理念を自身も貫く。

GOOD WEAVER 代表

幸田修治さん

1968年、福岡県生まれ。「ビームス 福岡」のオープニングスタッフや今はなきレーベル〈B・E〉の店長も経験。2006年にテキスタイルブランド〈gi(ギー)〉、2010年に〈グッドウィーバー〉を設立。久留米絣を使ったスニーカーなどが人気に。

和田の専門学校の卒業を祝って、夜の天神へ繰り出した若き日の3人。左から岡野さん、和田、幸田さん。特別な日でなくても、反省会と称して毎晩のように集っていたという。

洋服の知識を得るのが楽しくて仕方なかった「ビームス 福岡」時代

——皆さんの出会いからお話ください。

和田：1989年にビームスの福岡のお店がオープンするということで、集まった仲間ですね。当時ビル丸ごとビームスという規模のお店は東京にもなかったので、すごく話題になっていたんです。オープニングパーティーにも、東京から著名人がたくさんいらっしゃって。

幸田：そうそうそう。

和田：スタイリストの馬場圭介さんや野口 強さんが来られるというので、ワクワクしながらレセプションやパーティーの会場へ向かったのを覚えています。そのとき、僕は19歳。幸田さんと岡野さんは20歳だった。

幸田：僕だけ社員で、2人はアルバイト。当時は僕が一番偉かった(笑)。ビームスには地元のセレクトショップからの販売代行という契約で所属していました。

岡野：グランドオープン前に3か月だけ開いたプロトショップのときから一緒だった。そのときのメンバーが未だに仲がいいというのは、縁を感じますね。

——幸田さん、岡野さんはどんな方ですか？

和田:幸田さんはおおらか。いつも自分のペースを持って動いているんですよ。だから、仕事に揉まれ忙しく働いているときは、彼を見習おうという気になる。

「福岡店はお客さんの期待が凄くて。働くのが誇らしかった」............ 和田健二郎

ミリタリーのアンダーウェアを基に企画された、〈ASEMB〉ラインのカットソー。〈ASEMB〉の名前は「BEAMS」のアナグラムだ。

キルティングジャケットの名門、英〈ハスキー〉のベスト。「90年代当時は〈ラベンハム〉より有名で、みんなが着てましたね」(和田)

「なくなるというので買い漁った」(岡野さん)〈ポールセン・スコーン〉の靴。「カジュアルに履く人が多かった」(幸田さん)

和田：岡野さんはしっかり者。2019年に川辺の社長になってびっくりしたんですけど、今思えばそうなるための行動を常に起こしていましたね。学校通ったり。
岡野：ああ、ビジネススクールの話だね。
幸田：みんな変わらないよね、本当に。
岡野：修ちゃん(幸田さん)だけ社員だったじゃない？だから羨ましい気もしていたんだけど、お客さんから見ればアルバイトも社員も一緒だから、商品知識はちゃんと身につけるようにと、いろいろ教えてくれたのを覚えています。先輩もたくさん教えてくれて。ジャケットのサイドベンツの意味だとか、パンツのダブルの折り返し幅は何センチがカッコいいとか。
和田：そういう話にワクワクしていたよね。

洋服が売れに売れた時代、基本に立ち返り本物を追求した

――今日は思い出の服をお持ちいただきました。
幸田：カットソーは和田が企画したやつだよね。
和田：当時渋谷にB・E(ビー・イー)というお店があって、そのオリジナルラインASEMB(アセムブ)で出したものですね。1998年かな。Tシャツと重ね着を楽しめるよう5分袖にして。めちゃくちゃ売れました。
幸田：これ、スタッフもみんな着てたもんな。
和田：スタッフだけで100人以上が買ってくれたもの。
岡野：僕はグレーが欲しかったんだけど、それはカブるから買うなと言われて、このボルドーを買った(笑)。そういやコレ着て、みんなで富士山登ったじゃない。
幸田：忘れたよそんなの(笑)。
和田：90年代の半ばはとにかく物が売れて、人がたくさん来る時代。お客さんがいっぱい来ると店内がもうギチギチでね。そうすると、これまで来てくれていた洋服好きな人が、ちょっと遠のいていくような雰囲気も出てきて。これが続くと陳腐化するぞと、そのときの商品本部長が作ったのがB・E。告知も打たない電話番号も掲載しない、ビームスっていう冠も伏せて。名前は〝BEAMS ELEMENT〟の略。エレメントは元祖とか元素とかいう意味で、もう一度基本に返って洋服屋らしい洋服をやろうという思いを込めていました。
幸田：福岡のお店の中にB・Eのフロアができたときの店長でしたが、洋服屋さんが買いに来たもんね。

「和田が企画した服は本当に売れて。スタッフもみんな買って着ていた」…………幸田修治

カジュアルセットアップの走りといえる〈エース〉のジャケット。「背裏のファスナーを開けてパンツごと仕舞える、機能的な作り。ショーラーというアウトドア素材で作ってもらいました」（和田）

「ビームス 福岡」のスタッフで立ち上げた草野球チーム、ベーブルースのユニフォーム。久しぶりに袖を通したところ、意外やファッション的にもイケたというのは、和田の新発見。

和田：ファッション業界でアークテリクスにいち早く目を付けたのもB・Eでしたから。エースやサイを扱ったのも早かったですね。

ともに過ごした1年間がその後の人生を決定づけた

岡野：仕事の後、中華料理屋や屋台によく行ったよね。当時は500円でラーメンと天ぷらのセットが食べられた。食べながら反省会をして、1日が終わる。

和田：反省会っていっても名目だけで。

幸田：やれあのお客さんがカワイイとかそういう話題ばかり。だって若かったから。

岡野：将来は3人で商売しようって話もしたじゃない。お店の名前は「WKO」。みんなの頭文字を取って。

和田：福岡で一緒に働いたのは1年だけなんだけど、その1年がいかに楽しかったか。僕はその後、東京でビームスに就職したけど、夏は必ず会いに戻ったもの。

——お二人はビームスで働いた後は何を？

幸田：洋服屋をしていたのと妻の実家が久留米絣問屋をしていたこともあって、生地作りに興味があったんですね。それでgi（ギー）というテキスタイルのお店を作りました。そして同郷のムーンスターさんと何か面白いことをしようと一緒にスニーカーブランドを立ち上げ、現在に至ります。グッドウィーバーのスニーカーは、フェニカでも扱ってくれていますね。

岡野：僕も和田さんのようにビームス本社の入社試験を受けたかったんですが、先輩に相談すると「今いる会社（販売代行の請負元）は、お前にいろいろと教育も投資もしている。でもやっぱりビームスに入るとなれば、社長は寂しく思うんじゃない？」と言われて、心が揺れたんです。それで、これはもう両方を選ばないほうがいい！と決断し、毎週のように来てくださったお客さんに薦められた川辺に入社した次第です。ビームスともご縁があり、ビームス デザインというライセンス商品を扱うレーベルができたタイミングで契約を頂いて。今もお付き合いが続いています。

和田：いやー素晴らしい話ですね。〝人と人との繋がりを大切に〟という、まさにそこを地で行く。

岡野：弊社のコーポレートスローガン（笑）。

和田：僕らの繋がりも、ずっと大切にしていたいね。

「いつか3人でお店を出そう！と名前まで決めて語らい合った」……………… 岡野将之

ヒースセラミックにオーダーした淡いブルーのタイルを貼るなどして、全面リノベーションしたキッチン。今回、料理とうつわのコーディネートを担当してくれたのは、妻の求示加さん。

服ショーグンの

「食」とうつわ

大正末期から昭和にかけて作られた、アンティークの水屋箪笥。大きく上下二段に分かれていて、上段の棚は４段。この高さが絶妙で、椀や平皿を出し入れするのにすこぶる都合がいい。2段になった下段の棚には、大皿を収納する。

小鹿田焼に益子焼、ラトビア陶器に古伊万里に北欧食器——。
和田家の水屋箪笥には、国もテイストもさまざまな器が一緒くたになって
収まっています。毎日違う料理を食べたいように、器だってその日の料理や、
食卓を囲む顔ぶれとのマッチングを楽しみたいじゃないですか。
〝うつわ〟は、料理を盛ってこそ意味を持つ。使ってナンボが和田家の流儀です。

器あってこその料理、料理あってこその器。

小鹿田焼
Onta

大分県日田市。丘の上にたたずむ小鹿田焼の里は、民藝の魅力を体現する窯場。
ここでは、ろくろを回しながら金具を当て、規則的な刻み模様を描く〝飛び鉋〟をはじめ、
多彩な技法で彩られた器がつくられています。こなれた価格も小鹿田焼きの魅力です。

・ラム肉のスパイス焼き
・煮卵と黒ごまのポテトサラダ
・桃とココナッツのサラダ
・トウモロコシと押し麦のポタージュ

・まぐろのタルタル

・鯛とグレープフルーツのカルパッチョ

小鹿田焼に感じる
一子相伝の温もり

宝永の時代から300年以上続く、歴史ある窯元の器です。有名な〝飛び鉋〟をはじめ、釉薬を柄杓でピュッと掛ける〝打ち掛け〟や流すように掛ける〝流し掛け〟といったさまざまな技法が用いられていて、見ていて飽きることがない。料理を邪魔しない程よい存在感も魅力といえます。窯元は10軒のみで、職人たちの名字も4つだけ。この時代に一子相伝の伝統を貫いているなんて信じられない話でしょう？
以前窯元を訪ねたときには、軒先に子どもたちがつくったであろう、恐竜を象った焼物が並んでいました。彼らがいま、主力となって小鹿田の伝統を支えているのだと思うと、感慨深いものがあります。

民藝運動を牽引した濱田庄司さんが、最終的に作陶の地に選んだ栃木県益子町。
益子焼の窯場であるかの地では、才気あふれる作家が新しいうつわの創造に励んでいます。
私の推しは、郡司庸久・慶子ご夫妻の作。ラトビア陶器とも不思議と相性がいいのです。

郡司製陶所とラトビア陶器

Gunji Pottery & Latvian Ceramics

・トマトとイチジクのサラダ

益子の陶芸家作品と
ラトビア民藝の好相性

素朴なテイストの器が多い益子焼の中でも、郡司製陶所のそれは一味違います。夫の庸久さんが作陶を、妻の慶子さんが絵付けをしているのですが、毎年テーマが変わるため雰囲気が一変するのです。欧風の鳥の絵柄が描かれた皿なんかもあって、毎度いい意味で想像を裏切られます。翻ってフチが波打つような形をした器は、ラトビアの陶器。お爺ちゃんが一人でやっているような山奥の窯元に東京・経堂のショップ「Rungta（ルンタ）」がお願いして作ったものです。温かみの中にどこか和の匂いもあって、郡司製陶所の器と相性がいい。こうしたマッチングを楽しむのも、うつわの醍醐味ですね。

・モロヘイヤのコロッケ

・ビーツとトマトの冷製スープ

佐賀県有田町は17世紀初頭、朝鮮人の陶工によって日本ではじめて磁器が焼かれた地。
静謐な美しさを湛えるその磁器は、伊万里港から出荷されたことから伊万里焼とも呼ばれます。
ことに江戸時代初期から後期、あるいは明治初期のものは古伊万里と称され愛されています。

古伊万里
Old Imari

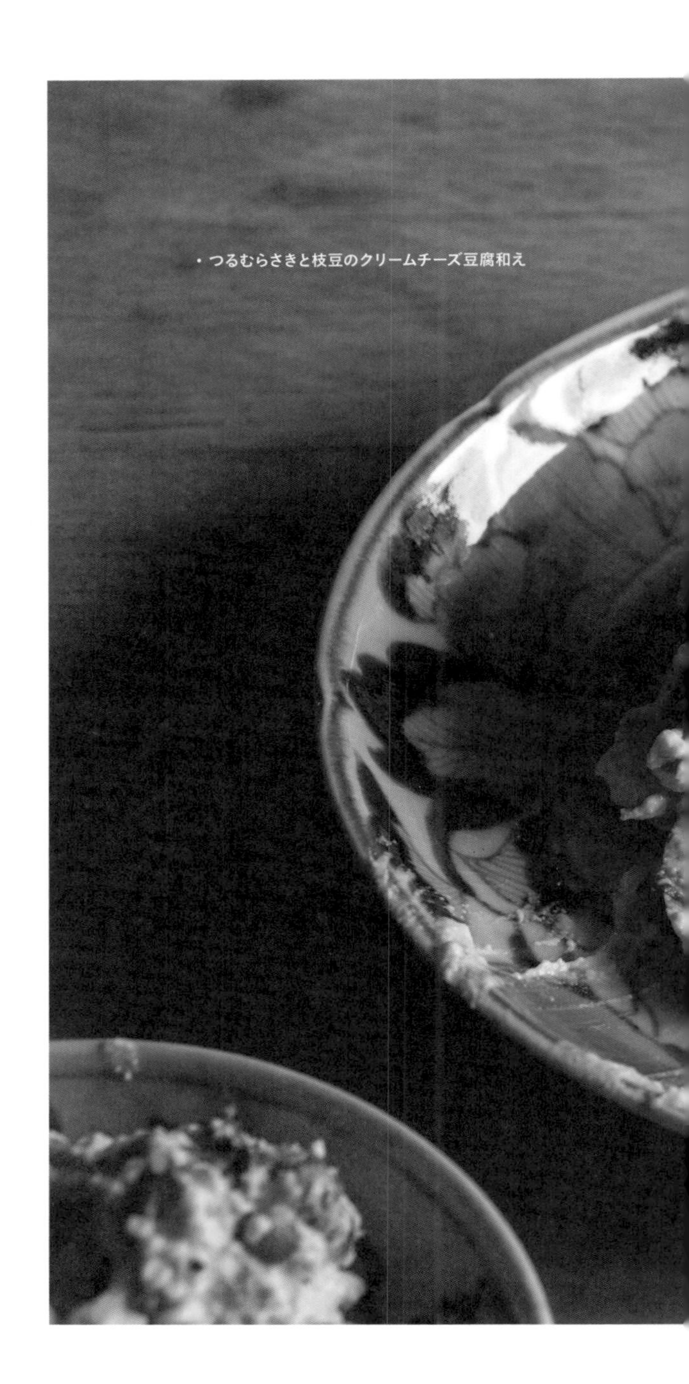
・つるむらさきと枝豆のクリームチーズ豆腐和え

古きよき時代に
思いを馳せる美しき藍

海外にもファンの多い伊万里焼は17世紀からの歴史があり、なかでも古伊万里と呼ばれる古いものは、とりわけ特別な存在として愛されてきました。和田家では、夏のさっぱりしたおかずを盛り付ける器として重宝しています。伊万里焼の初期のものは大陸の影響が強く、柄のないものが多いのですが、徐々に松や牡丹、菊といった和の柄が描かれるようになっていきました。華やかな色で彩られたものもありますが、私と妻の好みは凛とした藍一色の染付。なお古伊万里には偽物も多いと言われていますが、気にしだすとキリがないので、真贋に囚われず気に入ったものを買って楽しんでいます。

北欧食器
Nordic

うつわ好きなら避けては通れないのが、北欧食器。世界に名だたるブランドのそれや
デザイナーの名作をコレクションする楽しさが、ここにはあります。シンプルなものから
印象的な絵柄を配したものまで、バリエーションに富むのも北欧食器の醍醐味です。

シンプルでいて
温かみのある北欧デザイン

いつも土の風合いが残る皿で食事をしていると、シンプルで品のいい皿に盛られた料理を食べたくなるときがあります。そんなときにベストなのが、北欧食器。とりわけ私はデンマークのイェンス・クイストゴーが好きで、彼のデザインによるルスカシリーズ（温かみのあるブラウンの色みがたまらない！）などをアメリカ出張へ行っては買い漁っています。アメリカでは1970年代に北欧ブームがあり、当時大量に出回ったため流通量が多く、安く買うことができるんですね。テイストが近いところでは、ベルギーの食器も面白い。ボッホのランブイエシリーズは、手描きのリーフの絵柄が可愛らしくて好きです。

・焼き野菜と豚肉のグリル

スリップウェアとは、クリーム状の化粧土で模様を描き、装飾した陶器のこと。
18世紀中頃〜19世紀末にかけてイギリスで盛んに作られ、濱田庄司さんら民藝運動の旗手により日本に広められました。その直感的かつ抽象的な模様には、他に代え難い趣があります。

スリップウェア
Slipware

・ニンニクごぼうごはん

卓越した手仕事が生み出す
"使える"芸術作品

陶芸すべてに言えることでもあるのですが、職人が手作業で模様を描くスリップウェアは、すべてが一点モノ。描く模様の一つひとつにつくり手の美意識が投影される、最も作家性の強いジャンルのうつわといえます。若手の職人がこぞってこれをやりだした時期には食傷気味になったこともありますが、こうも多彩な表現ができるのだから、皆が夢中になるのも頷けますね。とりわけ第一人者として知られる柴田雅章さんのうつわは素晴らしく、我が家ではリビングへ飾り、食事時のみならず楽しんでいます(湯のみは芋焼酎を飲む相棒です)。スリップウェアはいわば、身近な"使える"芸術なんですね。

・かぼちゃのファルシ

・チキンのカレーヨーグルト

昼メシは、だいたい〝和田弁〟

昼休憩の一番の楽しみが、妻の手作り弁当。ほぼ毎朝、私と娘のぶんを作ってくれるんです。前日の晩の残り物をうまく使ったりして、炊きたてのご飯とともに曲げわっぱに入れてくれるのですが、杉の木が湿気を絶妙に吸ってくれるから、冷めてもビチャッとせず美味しく頂けます。なので汁物のときは別として、ウレタン加工されてないものがオススメ。ちなみに、写真の曲げわっぱは400年以上の歴史をもつ〈博多曲物 玉樹〉のものです。

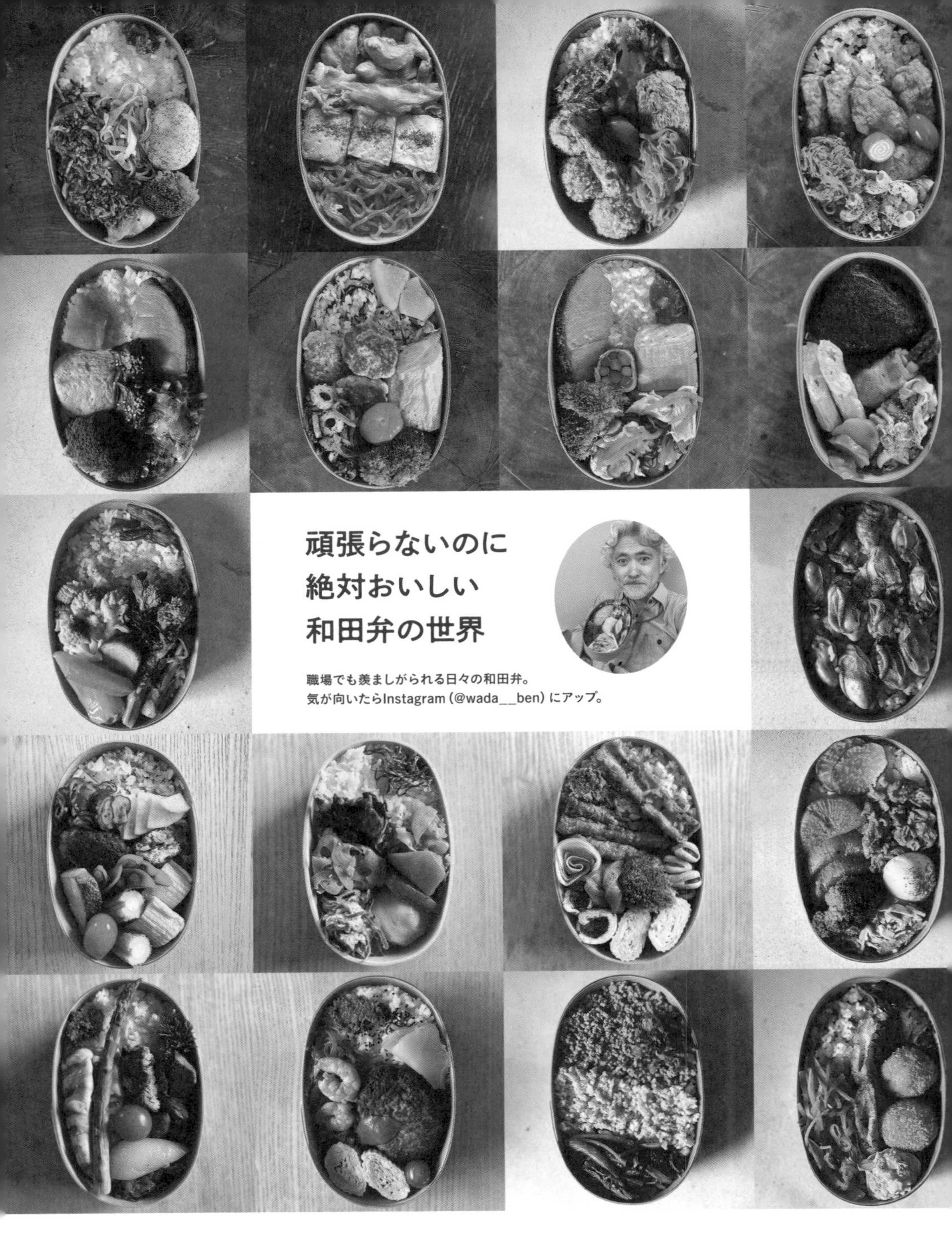

頑張らないのに絶対おいしい和田弁の世界

職場でも羨ましがられる日々の和田弁。
気が向いたらInstagram（@wada__ben）にアップ。

Talk Session vol. 02

服ショーグンと90年代渋谷の絆

定期的に集まる3人組。〝服ショーグン〟こと和田健二郎は90年代に渋谷で出逢った
彼らとの交流こそが現在の自分の〝センス〟を磨いてくれたと言います。
ひとりは海外でも知られる、日本を代表する美容師、「ABBEY」代表の松永英樹さん。
ひとりは世界的デザイナー、〈TAKAHIROMIYASHITATheSoloist.〉の宮下貴裕さん。
この日も、いつものメンバーが集まり、いつものような話を、いつもの居酒屋さんで。

TAKAHIROMIYASHITATheSoloist.
デザイナー

宮下貴裕さん

1973年、東京都生まれ。「BEAMS」や「ネペンテス」を経て独立。独学で服作りを学び、1996年〈ナンバーナイン〉を設立。2004年よりパリ・ファッション・ウィークに参加。2010年〈タカヒロミヤシタザソロイスト.〉のデザイナーとして再スタート。

ABBEY
代表

松永英樹さん

1969年、長崎県生まれ。1989年に「PEEK-A-BOO」入社。12年勤務した後独立し〈A BATHING APE〉プロデューサーNIGO®と協業した「BAPE CUTS」をオープン。2007年「アビー」を表参道で立ち上げる。現在は複数店舗を展開。

〈タカヒロミヤシタザソロイスト.〉のサングラスを掛ける和田と松永さん。ハートモチーフだからこそ「真剣な顔をして掛けるのがカッコいい」とのこと。友達の誕生日などにも掛けていくとか。

すれ違いの90年代に すれ違わなかった3人

──いつから 3 人で遊んでいるんですか？

和田：宮下くんはビームス 渋谷時代の後輩で、松永くんは当時から髪を切ってもらっている間柄。かれこれ30年以上の遊び仲間、飲み友達ですね。

宮下：ビームスに入ってすぐに和田さんから年下の僕に「ソレどこの服？」って声をかけてくれたのを覚えています。変わった人がいるなっていうのが最初の印象ですね。昔の洋服屋さんって、遊びも含めてエネルギッシュな先輩がたくさんいて、遊ぶだけじゃなく夢中でファッションの話もして。ビームスでは和田さんがとくに面白い先輩の一人でしたね。

和田：宮下くんが見たこともないようなパッチワークのGジャンを着てたんですよ。どうしてもそういうの気になるでしょ。

松永：宮下くんはプロペラで働いていた16歳の頃から有名だったからね。宮下くんが髪型を変えただけで渋谷・原宿界隈ではニュースになってたし、他のお店の人が服装をチェックしにきたり、当時から影響力が凄くて。アメカジ全盛なのに髪型は英国のバンドみたいにしたり、察知するのが早かったよね。腰パンも日本ではじめてやったの宮下くんじゃない？ アメリカ

「世界で活躍する二人と話すと感性が刺激される」 ……………………… 和田健二郎

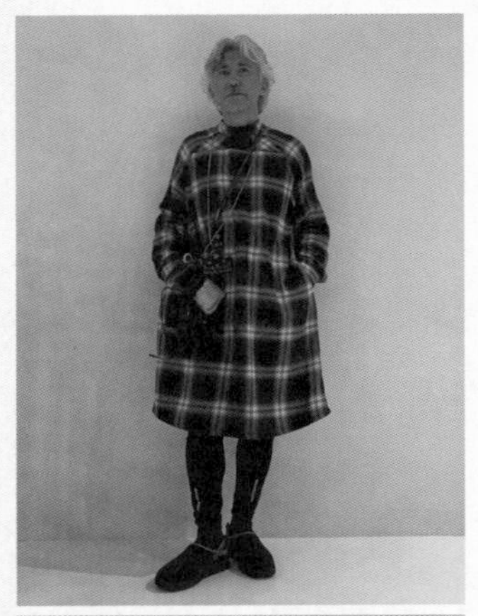

〈タカヒロミヤシタザソロイスト.〉の展示会やショーには必ず足を運ぶ。こちらは、「インターナショナルギャラリー ビームス」で購入したメディカルシャツ。上質な素材、そして美しいシルエットの完璧な一着！

から帰ってきて、向こうじゃみんなこの穿き方だって。そこから一瞬で流行っていった。

宮下：最初は何だソレって言われましたけどね（笑）。日本で腰穿きが流行った起源を辿っていくと僕に繋がるかもしれませんね。そういう穿き方している人がいなかったんで、自分でも試し試しだったんですよ。ネットの情報とかなかったじゃないですか。だからやってみるしかなかった。

松永：頭にターバン巻いてた時もあったよね。そっちは流行らなかったけどね（笑）。僕らが出逢った90年代はすれ違いの10年。時代がすれ違う瞬間でしたね。原宿のカルチャーも出てきたし、トラッドもあるけどヨーロッパのデザイナーズもあるとか。

宮下：僕がビームスにいた頃は、ヨーロッパのデザイナーズものが強かった時代ですね。たとえば僕が夢中になったのが、ロメオ ジリやヘルムートラング。最高の時代でしたよ。ジーパンを腰穿きしてたやつがそういうのに夢中になっちゃう瞬間でしたから。それまでの〝カッコいい人〟が〝カッコよかった人〟に変わる瞬間を何度も目撃しましたね。そんな中、ビームスの人たち、それこそ和田さんとかはうまく順応してたのを覚えています。

当時から変わらない独特のファッション感覚

——当時のビームスはどんな感じだったんですか？

宮下：僕がビームスで働いていた当時、一番売れていたものといえばギンガムチェックのシャツとプレーンなチノパン。客層も幅広くて、ベーシックなものがよく売れていました。そんな中でも、当時のビームスには必ず〝超〟がつくほどオシャレな人が各店に一人か二人いて。渋谷店といえば和田さんがいるでしょ、みたいな。大きな組織なのに面白かったですよ、当時。インデペンデントな会社の人たちとも交流があったし、小さなお店で頑張ってる人にも負けず劣らずこだわりの強い人がいました。目立っていた人は覚えてますもんね、やっぱり。

和田：僕はそうでもなかったですよ。九州から出てきたばかりだったから。

宮下：でも当時から和田さんは独特のファッション感覚があった。僕らアルバイト連中にも人気がありました

「髪型のイメージはどこにも属さない無国籍な人」………………松永英樹

しね。僕の周りは東京にかぶれた人ばかりでしたから、興味の対象でしかありませんでしたね。ビームスっぽい感じがしない和田さんがビームスなんですよ。僕にとっては和田さんこそが〝This is BEAMS〟なんですよね。
和田：今みたいにSNSがなかったせいか、みんな一緒みたいな空気はなかったよね。
宮下：みんな自分があったんでしょうね。自分のスタイルがあったわけですよ。個性があったというか。全員ルール違反。ルール違反がルール違反じゃなかったというか、ルール違反するのがルールだったんですよ。ベーシックな着こなしをしている人は少なかったですし。僕はたまにさっき話に出たギンガムチェックのシャツを着てましたけどね(笑)。

誰もつけ入る隙がない 濃厚すぎる和田ワールド

――30年以上も3人仲がいいんですね。
和田：ソロイストの展示会やショーには欠かさず行っているし、今の髪型にしてくれたのは松永くん。ドレスの服も着るけどヴィンテージも着たいし、じゃあどっちにも似合うパーマかけてみようかって相談したら、その時入院中で暇だからってイメージ画を描いてくれて。出来上がったら絵のまんま。ウチの社長もビックリしてたよ。
松永：無国籍な人にしたいなって(笑)。どこにも属さない感じじゃない、和田くんって。僕が思うに和田くんはどこに行っても、何屋さんをやってもうまくいくと思うんですよ。でもしない。そんな人が会社にいるってめっちゃ強いじゃないですか。ファッションでもいろんな角度をもってるし、ビームスの歴史もよく知っているし、凄く貴重な存在だなあと。
宮下：そう、和田さんは和田ワールドが強すぎて、誰もつけ入る隙がない。自由すぎて誰も足を突っ込みたくないんだよ、ヤケドするから(笑)。それくらい自由だけど、それくらい大変なこと。でも自由を勝ち得てますよね。
和田：世界の最前線で戦っている二人と話すと、とんでもない刺激をもらえます。もう感謝しかないですね。
松永：30年以上の付き合いですけど和田くんの本質は昔から変わってませんよ。
宮下：そのままでいてください。僕からはそのひと言に尽きますね。

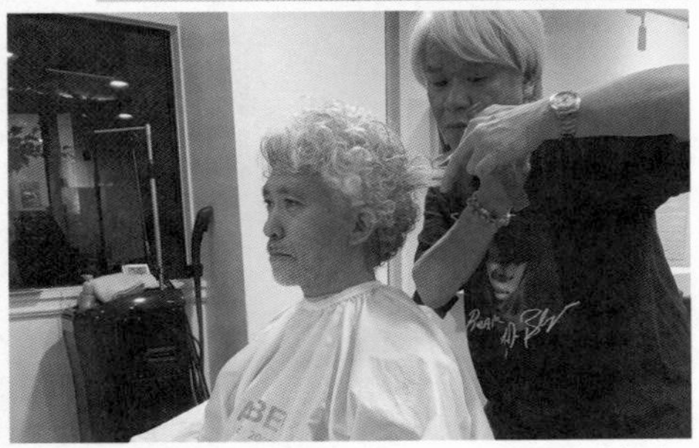

上のイラストは入院中の松永さんが描いた、和田の人生初パーマのイメージ画。現在は1か月に1度「アビー」を訪れている。気の利いたスタッフのホスピタリティに癒やされるという。

「僕にとっては 和田さんこそが〝This is BEAMS〟」 ……… 宮下貴裕

服ショーグンの

「住」と調度品

リビングの奥、小上がりになった空間には、世界中から集めた調度品たちがところ狭しと並ぶ。最奥には、一面の飾り棚。書籍にうつわ、仮面……と、棚の住民もバリエーションに富む。

AFRICAN FORMS
ARTS PREMIERS

バルコニーからの眺望が気に入り、12年ほど前に購入した中古マンション。ランドスケーププロダクツに内装のリノベーションをお願いした、理想の住まいです。そこへ魂を吹き込むのが、世界中から集めた調度品たち。アフリカの民族の仮面に、トルコの壺。北欧のうつわに、バウハウスのランプ……カオスのようで最高に心地いいのは、全部が〝好き〟で繋がっているからに他なりません。

世界中の家具やオブジェを配置したリビングからベランダに抜ける気持ちいい空間。玄関正面(右の写真)には、アンティークのチェストが鎮座し、アフリカの部族が編んだ古い帽子をはじめ、さまざまな調度品が飾られている。

手仕事を感じる民藝品とアンティークに囲まれて。

■ Naoyuki Inoue, Shodaiyaki Fumoto-Gama Slipware Tiles / Japan

家族や来客を温かく迎える
スリップウェアのアート

現在のマンションに移り住む際、我が家の顔として玄関に飾ろうと、熊本の小代焼ふもと窯井上尚之さんにお願いして作っていただいたタイルです。井上さんは印象的な紋様を描くスリップウェアの名手であり、想像したとおり最高の仕事をしてくださいました。当初は漆喰仕上げの壁へ直に貼ろうと考えていましたが、リフォームをお願いしたランドスケーププロダクツさんの提案により、額装して壁へ打ち込むことに。さすがはプロの発想、こちらのほうが格段に見映えしますね。おかげさまで、和田家を象徴するアートとなりました。

■ Antique Hat / Africa

「古道具坂田」で購入した
アフリカの帽子

白洲正子さんが惚れ込んだ〝現代の目利き〞、坂田和實さんの「古道具坂田」にて、10数年前に購入しました。坂田さんは百戦錬磨の骨董ファンが敬愛する方でしたので、恐る恐るの思いで何度か訪れましたが、いつも気さくにご対応いただいた記憶があります。この帽子は「どこの部族のものかはわからない」とのことでしたが、私も初めて見る珍しいモノでしたので、もう出会えないと思い即購入を決意。すると「ちょっと待って！」と、奥から帽子立てになるものを取ってきて、オマケに付けてくださいました。お店は目白にありましたが、惜しまれつつも閉店されてしまった。思い出深い一品です。

■ Antique Jar / Turkey

素朴で温かみがあふれる
トルコの壺

骨董を勉強するうちに気になりだしたのが、トルコの壺。素焼きっぽいものもあれば、独特の色づけがされているのもあり、素朴な表情がたまりません。トルコというと華やかな色彩のタイルなども有名ですが、対極にあるような趣ですよね。これらの壺は、格闘技仲間の知人がトルコに行くというので買ってきてもらいました。右の壺は、陶芸が盛んな中央部アヴァノスで70～100年前に作られたもの。中央は100～150年前にトルコ中央部のニーデで作られたもの。左は、100年以上前に北東部のエルズルムで作られたものと聞いています。我が家ではオブジェとして玄関に飾って楽しんでいます。

■ Antique Plane / England

100年以上前の
イギリスの鉋を本立てに

アンティークショップにいくつか並んでいた鉋の中で、一際異彩を放っていた一つを頂きました。詳細はわかりませんがイギリスのもので、木味からすると100年以上前に作られたものだと思います。オーラが滲み出るような存在感は、長きに渡って使い込まれてきたものだけが纏えるそれ。ズシリと重たいので、飾り棚の本立てとして重宝しています。

■ Antique Bull Figurine / India

インドにおける神聖な存在、
牡牛を象った置物

東京・経堂のインテリアショップ「Rungta（ルンタ）」で出会った、牡牛を象った木製の置物です。インドにおいて牡牛は、神様の乗り物とされる動物。ナンディと呼ばれる、人々の祈りを神様に届ける使いなんですね。この置物は、そんな神聖な存在を象ったものでありながら、表情が愛らしいというギャップが気に入っています。それと、似たものをよく見掛けるのですが、十中八九もっとカラフルで、こうも控えめな配色のものは他に見たことがありません。素朴な色遣いも自分好みです。

コートジボワールに暮らすダン族の古い仮面です。彼らには、仮面を被った者がダンスを踊りながらトラブルメーカーを演じる伝統的な祭りがあり、仮面を被った者はわざと不規則な動きや攻撃的な行動をして、祭りを邪魔しようとします。このようなキャラを演じることで、コミュニティの規律を守ることの大切さを伝えているようです。さておきこの仮面、アフリカの骨董に通ずるフランスのギャラリーの店主に写真を見せたところ、1800年代後半のものではないかとのこと。歴史的、芸術的価値があるとお墨付きを貰いました。割れを革紐で補修した跡がありますが、そこにも趣を感じています。

■ Lee Dynasty White Porcelain Chamfered Jar / Korea

凜とした佇まいに惚れた完全なる〝李朝白磁〟

福岡の片田舎にある古美術店で出会った、李朝時代の面取壺。サイドに多角形の面が連なって構成されているのが特徴で、エッジの立った凜とした佇まいが気に入っています。白磁の中でも素朴で深い趣のある李朝白磁は、やはり特別な存在ですね。李朝を謳うものには怪しいものも多く、気をつけなければならないのですが、こちらは骨董を特集する由緒ある雑誌にも掲載された間違いのないもの。とても価値のある逸品と自負しています。

■ 1940～1950s Bauhaus Scissor Lamp / Germany

リビングの飾り棚を照らす
バウハウスの蛇腹ランプ

ソーズカンパニーの社長をされていた故・ニック澤野さんから、引っ越しのお祝いで頂いたランプです。デザイナーは不明ですが「1940～50年代のバウハウスものだ」と伺っています。アームが蛇腹になったデザインが個性的ですよね。とても素敵なランプなので、リビングの飾り棚前の一等地に取り付けました。ニックさんにもっと詳しい話を聞きたかったなぁ。頂いたランプ、我が家を毎日明るく照らしてくれていますよ！

■ Antique Handloom / Africa

古来の服作りに想いを馳せる
アフリカの手織り機

織物は、人類最古の工芸品の一つともいわれています。アフリカでは古来、機織りは男性がするもので、手織り機で織りあげた幅の狭い布を繋ぎ合わせ、幅広の一枚の生地にしていました。手織り機の大きさからも想像がつきますが、とにかく非効率なやり方なんですね。洋服屋として興味深く、思わず購入してしまいました。

■ 1960s Percival Lafer Leather Sofa / Brazil

独特の佇まいと心地よさに一目惚れした、ブラジルのミッドセンチュリーモダン

ブラジルのミッドセンチュリーモダンを牽引したデザイナーの一人、パーシヴァル・レイファーによって1960年代にデザインされたレザーソファです。ぷっくりしたシートをユニークな形の脚(野球のバットのよう!)がハの字に支えるデザインは、アメリカの家具にもヨーロッパの家具にもない独特のもの。ヘッドレストは取り外すこともでき、外すとまたガラリと雰囲気が変わるんですね。ランドスケーププロダクツのショップで出会い、一目で惚れ込んでしまいました。トドメを刺されたのが、その優しく包まれるような座り心地。少しでもお酒を飲んで座ったが最後、何度起き上がれなくなったことか……。店頭でも、座った瞬間に「買います!」と口走っていました。愛犬トトもどうやら気に入っているようです。

壁掛けの裏には
シュートボクシングの創始者、
シーザー武志氏の直筆サインが

■ Antique Tuareg Camel Saddle / Africa

■ Antique Hani Traditional Dress / China

“青の民”トゥアレグ族のラクダ鞍を壁掛けに

トゥアレグ族は、アフリカのサハラ砂漠西部に暮らす遊牧民で、藍染めの服を身に着けることから“青の民”とも呼ばれる民族。彼らはラクダに乗って砂漠を移動しますが、こちらはそのラクダに掛ける鞍です。素材はヤギ革。刺繍の模様や配色が美しく、我が家ではリビングの壁掛けのひとつとして重用しています。なおトゥアレグ族のラクダ鞍は過去にも折に触れて目にしてきましたが、装飾や配色は決まってこれと同じ。彼らにとって、何か特別な意味があるのかもしれませんね。

幾重にも重ねた藍染め布が美しい中国・ハニ族の“千層衣”

雲南省西南部に暮らすハニ族の伝統衣装は、藍染布を少しずつ大きさを変えながら、何層にも重ねているのが特徴(本品は9層)。このことから“千層衣”と呼ばれます。裾の重なりからは世界遺産の美しい棚田、彼らの民族の名が付いたハニ棚田が想起されますね。ちなみに、てらてらした艶を帯びているのは、卵白を何度も塗り、叩きながら染みこませているから。これのように裾がラウンドしたものは女性用で、男性用のものはスクエアにカットされています。こちらもリビングの壁掛けに。

■ Antique Jimma Wooden Stool / Ethiopia

アフリカ骨董の力強さを体現する エチオピア・ジンマ族のスツール

熊本県に日本三大民藝店のひとつといわれる魚座というお店があるのですが、そこで見た一木造りのアフリカのスツールに衝撃を受けまして。１本の木を削り出して作るからどこにも継ぎ目がなく、脚も見たことがないほど力強く、美しいカタチをしているんです。コレは一体何だ!?と、アフリカものに傾倒するきっかけとなりました。こちらは「Rungta(ルンタ)」で購入したスツール。エチオピアに暮らすジンマ族のものですが、部族によってカタチがさまざまに異なるのも楽しいんですよ。コツコツいろいろ買ってきては愛でています。

■ Antique Nafana Mask / Côte d'Ivoire

アフリカ最大級!?
コートジボワール・ナファナ族の
ベドゥ仮面

さまざまなタイプが存在するアフリカの仮面の中でも、最も大型の部類に入る木製の仮面です。三角、丸、四角が複雑に絡み合うビジュアルが印象的。ヨーロッパの匂いがする市松模様が表現されているのが特徴で、なかでもこちらは、彫りで細かく凹凸を表現した上で着色を施した珍しいタイプ。ベドゥ仮面には、植民地支配から完全に解き放たれる（自由になる）という想いが込められているそうです。なお、下部の三角形のパーツに空いた穴から前が覗ける作りになっていて、見た目とは裏腹に軽量。和田家では専用の台を作っていただき、立てて飾れるようにしました。多国籍な骨董が並ぶリビングでも、かなり異彩を放つ存在です。

■ 1940s Alvar Aalto Stool 60 / U.S.A.

ずぶ濡れで売られていた 1940年代のアアルト“スツール60”

マサチューセッツ州で催されるブリムフィールド アンティーク ショーで出会った、雰囲気満点の一脚。フィンランドの巨匠、アルヴァ・アアルトがデザインしたスツール60です。早朝に訪れるなり、スツールは朝露でずぶ濡れ。格安の値付けでしたが、一目で貴重なヴィンテージとわかり、即購入しました。1940年代のアメリカ製で、座面裏にはライセンス製造をしていたartek-PASCOE社のスタンプが。10年ほどしか製造されなかった、貴重なものです。

■ Antique Ifugao Rice Container / The Philippines

和骨董のお店で見つけた フィリピン・イフガオ族の米容器

イフガオ族は、棚田で稲作をしながら暮らすフィリピンの少数民族。こちらは米を入れるために植物の繊維を編んで作られたもので、エッジの立ったシャープなカタチに惹かれて購入しました。骨董市で和骨董を扱うお店で見つけたのですが「イフガオ族のものですね?」と店主に尋ねると、「どこのモノかわからない」との答え。そんなわけで格安で買えたのは幸運でした。情報があふれる社会にあって、こういうことが希にあるのも骨董市の醍醐味です。

■ 1950s〜1970s Antti Nurmesniemi Coffee Pot / Finland

色違いで並べたくなる アンティ・ヌルメスニエミのコーヒーポット

フィンランドの著名なデザイナー、アンティ・ヌルメスニエミの仕事を代表するFINEL(フィネル)社のコーヒーポットです。テーブルウェアの傑作としてヴィンテージ市場で高い人気を誇り、現在は入手困難の状態が続いています。日本では映画〝かもめ食堂〟の劇中に同社のポットが登場し、一躍注目されるようになりました。〝かもめ食堂〟ではキッチンの棚上に色違いで置かれていたのですが、これがじつに素敵。和田家では妻が欲しいと言ったので、私がいろいろなショップを回り、時間を掛けて色違いで３つ集めたんです。やはり、並べて飾るとキッチンが華やぎますよね。余談ですが、ダイニングでは、アンティ・ヌルメスニエミのスツールも活躍しています。

KŌNO

■ Antique Chagu Chagu Umakko / Japan

岩手に伝わる馬の鈴飾り、チャグチャグ馬コ

チャグチャグ馬コとは、農耕馬として働く馬やその守り神に感謝を捧げる、岩手の伝統行事。100頭ほどの馬を連れて、滝沢市の鬼越蒼前神社から盛岡八幡宮までの約14㎞を〝チャグチャグ〟と鈴の音を響かせながら行進します。こちらは、その際に馬へ掛ける鈴の首飾り。近年だと色とりどりの華やかな装飾のそれが多いのですが、昭和初期のこちらは主張が控えめで、編みの美しさが際立っています。青山の骨董通りにあった名店「古民藝もりた」で見つけて、たまらず購入しました。触れると響く鈴の音色が、リビングに癒やしを与えてくれています。

■ Antique Iron Pot Stand / Unknown

オレンジカウンティで発見した無骨なアイアン鍋置き

欲しくて欲しくてずっと探していたのですが、オレンジカウンティのアンティークショップでついに遭遇。感激のあまりその場で購入し、飛行機で持ち帰った思い出の鍋置きです。アイアンにペイントを施したもので、無骨な雰囲気がたまらなくカッコいい。じつは昔、同じタイプの鍋置きが「BEAMS」の店舗にバッグなどを掛ける什器として置かれていて、密かに憧れていたんですね。その什器は倒れたら危ないということで、いつの間にか姿を消してしまいましたが。我が家では見せる収納として、本来の用途どおりに鍋置きとしてキッチンで活躍しています。

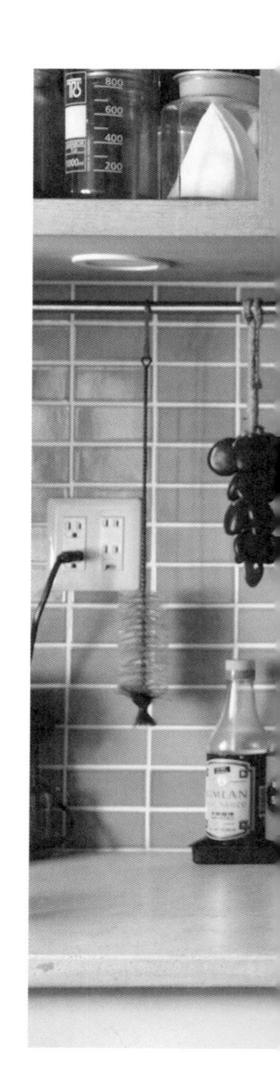

■ Early 1900s Judge Ware Enamel Pot / England

100年モノの特大琺瑯鍋で煮込むおでんは格別です

デッドストックの状態で眠っていた、およそ100年前にイギリスで作られた琺瑯鍋です。外側が艶やかなブラックで、内側はグレー。この飾り気のなさ、素っ気なさがカッコいいと思っています。製造元のジャッジウェア社は、1896年にイギリスで設立されたキッチンウェアメーカー。製品がインドでよく使われていたそうですが、こちらの鍋は50人分のスープが入るという特大サイズ。レストランでラッサムなんかを作るのに重宝したのでしょうかね。和田家では年末年始に皆で集まって食べる、おでんを煮込むのに重宝しています。

■ Samiro Yunoki Noren Curtain / Japan

和のものともアフリカのものとも
相性がいい柚木沙弥郎作の暖簾

生誕100周年を迎えられた染色家、柚木沙弥郎さんの作品です。日本の陶芸や染色といった技芸に携わる方々は、インスピレーションの源とするべく、必ずといっていいほど、アフリカの原始美術を通るようなんですね。柚木さんの暖簾も、その一端を感じさせる力強い大柄。和のものともアフリカのものとも相性がよく、我が家では階段前に掛ける暖簾として活躍しています。季節の変わり目に掛け替えるのも、楽しいんですよ。

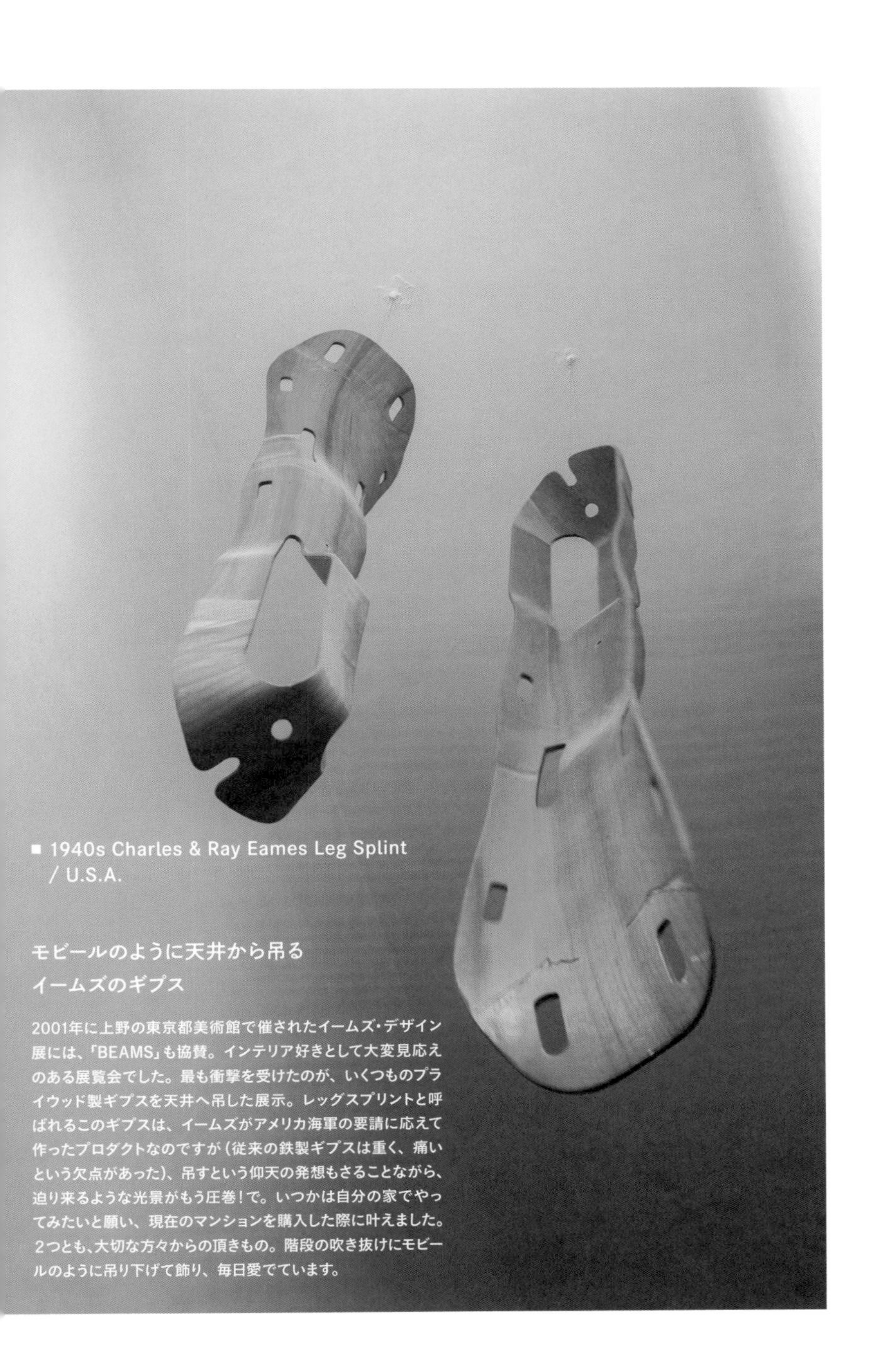

■ 1940s Charles & Ray Eames Leg Splint / U.S.A.

モビールのように天井から吊る イームズのギプス

2001年に上野の東京都美術館で催されたイームズ・デザイン展には、「BEAMS」も協賛。インテリア好きとして大変見応えのある展覧会でした。最も衝撃を受けたのが、いくつものプライウッド製ギプスを天井へ吊した展示。レッグスプリントと呼ばれるこのギプスは、イームズがアメリカ海軍の要請に応えて作ったプロダクトなのですが（従来の鉄製ギプスは重く、痛いという欠点があった）、吊すという仰天の発想もさることながら、迫り来るような光景がもう圧巻！で。いつかは自分の家でやってみたいと願い、現在のマンションを購入した際に叶えました。2つとも、大切な方々からの頂きもの。階段の吹き抜けにモビールのように吊り下げて飾り、毎日愛でています。

■ Antique Work Table & Bench / England, Wales

プリミティブな作りと
使い込まれた木味が力強い
英国の作業台とベンチ

窓際に置いた作業台は、イングランド南部のウェスト・サセックス周辺からやってきたもの。極めてプリミティブな構造で、使い込まれた木味に惹かれます。作られた年代やそもそもの用途は不明ですが、天板のあちこちに穴があり、ここへてこ状のクランプなどを差し込んでいたのではないかとのこと。小ぶりなこともあり「木の道具や楽器なんかを作っていたのかなぁ」なんて思いを巡らせつつ、リビングのディスプレイ台として活躍しています。手前のベンチはかなり古く、1800年頃にウェールズで作られたもの。座面の裏に多くの刃物痕があることから、台所や暖炉前、ないしどこかの作業場で使われていた厚い板を、ベンチとして再生したものと思われます。サステナビリティの先駆けともいえますね。

■ Antique Art Puzzle Sculpture / U.S.A.

思わずオークションで落札した何だこれは!?なアートパズルスカルプチャー

人生初のサイレントオークションにて落札しました。パズルボックスというジャンルのプライウッドを加工した置物で、サインは書いてあるものの作者不明。しかしこの機会を逃したら、ここまでクレイジーかつ精巧な作りのものには出会えないと思い、落札を狙うことにしたんです。すると最初に書いた値で競り落とすことに成功。すっかり気に入ったのでリビングテーブルのいつも目に入る位置に置き、内側のパーツを出したり引っ込めたりしては造形美を楽しんでいます。

■ Antique Ifugao Bowl & Spoon / The Philippines

木をくり抜いて形作る
イフガオ族の器とスプーンの
艶めかしさたるや！

エッジが波打った器は、星のようなカタチから"スターボウル"と呼ばれるもの。木をくり抜いて作られていて、スパイスや食材を潰して混ぜたり食事のお皿として使われるほか、儀礼にも用いられます。今ではあまり目にすることのない、珍しいものです。スプーンの造形もじつに凝っていて、とにかくフォルムが美しい。京都の民藝店で購入したのですが、店主曰く、32年前に仕入れたものがやっと売れたと。「イフガオ族のものですよね?」と聞いたら、昔すぎて覚えておられなかった。十中八九間違いないけれど、もし違っていたらスミマセン（笑）。

■ 1950s Tapio Wirkkala Glassware / Finland

巨匠、タピオ・ヴィルカラによる
美しいガラスの器

デザイナーであり彫刻家であるタピオ・ヴィルカラは、インテリアに興味が湧いた頃からの憧れの存在。テーブルウェアにデスクに、多彩なプロダクトをデザインしているフィンランドの巨匠です。私は、今はなき「ビームス モダン リビング」で購入したガラス器を皮切りに、テーブル、椅子、ガラスや金属のオブジェと、たくさんの国を回りながらさまざまなプロダクトを集めてきました。大ぶりなガラス器は、背面に細かい溝が彫り込まれ、葉脈のように有機的な模様を浮かび上がらせています。私はこの美しい器でどうしてもカレーが食べたくなり、実際食べたこともあります。でも、深さといい重さといいあまり実用的ではありませんね(笑)。リビングを彩るオブジェとして飾って楽しんでいます。

■ Soap Holder / France

クルクル回して石鹸を付ける、かつてないソープホルダー

壁に付けてクルクル回して使うタイプの石鹸&ソープホルダーです。フランスのクリニャンクールの蚤の市に寄ったとき、トイレでこれと同じものに出会いまして。こりゃ何だ?と使ってみると、石鹸を回すのがとても楽しくて心地いいじゃありませんか！　どうしても欲しくなり、仕事の合間を縫って店という店を探し、とうとう手に入れました。ちなみに近年は衛生の観点から、公共の場ではこうした固形石鹸は使用されないようですね。我が家ではトイレのほか、バスルームと洗面所の3カ所にこれを付けて使用しています。ちなみに石鹸1個を使い切るのに、およそ1年。意外と減らないんですね。フランスで買ったストックはなくなりましたが、恵比寿で売っているお店を見つけ、買い溜めをして使っています。

■ TOTO Public Toilet / Japan

蛇口をひねって水を流す無駄のない公共用トイレを設置

リフォームして新しく取り付けた、パブリック用途の小便器です。私は〝小〟なのに座って……というのがどうも苦手でして。かといって普通のトイレに立ったままましては、女性陣から顰蹙を買ってしまうでしょう？　そんなわけで、かねてからの念願であった小便器をトイレ脇に設置したんですね。おかげで毎日がぐっと快適になりました（笑）。なお、現代のそれは自動で流れるものがベーシックですが、うちのは自分で蛇口をひねって流す、極めてアナログなタイプ。こちらの方が見た目がイイし、じつは節水効果も抜群なんですよ。余談ですが、メインのトイレもミニマルなパブリック用途のものにしました。トイレに限らず、機能やデザインが先行した道具には、どうにも興味が湧かないようです。

■ Antique Ceremonial Spoon
/ Timor

繊細に彫り込まれた、美しき
ティモール島の儀礼用スプーン

ティモール島はクリスチャンが多い地域ですが、未だに祖先崇拝やアニミズムの伝統も残っています。こちらは、その慣習的な儀礼で用いるスプーンかと。おそらく、主食であるトウモロコシを祖先に供えるときに使うものだと思います。モチーフは鶏。さまざまなスプーンを見てきましたが、こうも隅々まで繊細に彫り込まれたものは、滅多にお目に掛かれません。造形も美しく、大変気に入っています。

■ Robin Day Polo Chair / England

軽くて丈夫で屋外でも使える“英国のイームズ”

“英国のイームズ”とも称されるロビン・デイを代表する、アウトドアでも使えるポリプロピレン製のスタッキングチェアです。出会いはちょっとした奇跡でした。仕事仲間がインスタにアップした動画にアンティークショップが映っていて、この椅子が大量に売られていたんですね。目ざとく見つけて行ってみると、破格の値付けで大量に売られているではありませんか。価値を知っているのかいないのか、ポップには“Grey Garden Chair”とだけ書かれている。そんなわけで、30脚をしれっと大人買い。うち10脚を和田家のバルコニーに迎えました。ずらりと並べたサマは圧巻の一言。余った椅子は譲ったり、売ったり。結果、得をして本家のイームズの椅子が買えた……というのはまた別の話。

■ Satsuma Deity of Rice Field / Japan

ベランダから福顔で見守る薩摩の〝田の神〟様

田んぼの神様〝田の神〟信仰は全国の農村にありますが、石を刻んで豊作を祈願する風習は薩摩独特の文化。地元では親しみを込めて〝たのかんさぁ〟と呼びます。神様なので本来売り物ではないのですが、骨董店でひっそりと鎮座している姿に一目惚れして持ち帰りました。シダと一緒にベランダに置いていたら、いつの間にか伸びたシダがまとわりついてイイ雰囲気になりましたね。田の神様は、いろんな田の神様を観るために田んぼを巡る人もいるくらい、皆一様に表情が違います。でも、こんなにもよい福顔をした田の神様は、他に見たことがありません。優しく温かい、我が家の守り神です。

Talk Session vol. 03

服ショーグンと格闘技の絆

〝服ショーグン〞こと和田健二郎が大切にするもののひとつが、シュートボクシング。
人生に躓いたときも、これに打ち込むことで復活を遂げてきました。そして格闘技は
素敵な出会いももたらします。伝説のシュートボクサーである緒形健一さんや
CHEMISTRYの川畑 要さんとの深い絆ができたのです。格闘技の楽しさや厳しさ、
「BEAMS」とシュートボクシング、格闘技に通ずる歌唱法etc.について３人で語らいました。

CHEMISTRY

川畑 要さん

1979年、東京都生まれ。ヴォーカルデュオ・CHEMISTRYとして2001年にデビュー。伸びのある美声で人気を博すとともに、個性的なファッションも注目される。2012年にソロデビュー。本年7月に配信シングル・Paradiseをリリース。

元シュートボクシング
世界チャンピオン

緒形健一さん

1975年、山口県生まれ。シーザーインターナショナル代表。選手時代の25歳のときに現職へ就き、シュートボクシングの普及や青少年育成に努める。世界の強敵たちと繰り広げた闘いは、今なお格闘技ファンの間で語り草に。

43歳のときに和田は、両国国技館で催されたシュートボクシングのアマチュア全日本王座決定戦に、シニアクラス65kg級の東日本代表として出場。1Rにダウンを奪い、優勝を果たした。

試合に心揺さぶられたすぐ後の出逢いに〝奇跡〟を感じた

和田：まず緒形くんとの出会いから話しますね。僕は中量級の格闘技、とくに海外選手の試合を若い頃から観ていたんですね。スピードもあって身体もグッドシェイプなものだから、重量級を観るよりも面白くて。それであるとき、シュートボクシングの世界大会に好きな海外選手がいっぱい出るというので、観戦に行くと、目の前でデニー・ビルという凄い選手と緒形くんが対戦した。結果は緒形くんが負けてはしまったんですけど、そのとき、こんなファイトをする人がいるんだ！って凄く心に響いたんです。すると何の因果か、10日後ぐらいに本人と出会うことになった。

緒形：ワタナベジムに出稽古に行っていた時代ですね。ボクサーの吉野さんとよくスパーをしていました。

和田：吉野さんがグラフィックをやっている僕の友人に「Tシャツを作って欲しい」と頼んだんですが、緒形くんも「じゃあ自分も」という話になって、友人から僕のところに手伝ってくれないか？と連絡がきた。それはもう奇跡的なものを感じて。渋谷のハチ公前で待ち合わせてから、もう25年ですね。

緒形：今では家族ぐるみの付き合いをする仲で。実家にもお邪魔したし、屋久島へ行ったこともありました。

「格闘技に感謝。打ち込むことで何度もピンチを乗り越えられた」……….和田健二郎

緒形さんとの出会いにより、和田はシーザージム浅草へ入門。40歳を過ぎて本格的に打ち込むようになり、渋谷のジムで練習を積んだ。写真の男性は、シュートボクシングの創始者であるシーザー武志さん。パンチやキックに加え、立った状態での投げ技や間接技も認められるのが、この格闘技の特徴だ。寝技がない背景には、倒れた相手を追い打ちしない侍の思想がある。

――ワタナベジムといえば、川畑さんもYouTubeチャンネルの企画で稽古に行かれていましたね。

川畑:はい、僕はあの1回だけですが、京口紘人くん(ボクシング二階級制覇王者)にボクシングを教えていただいて。京口くんとはここ5年ぐらいのお付き合いですね。知人を通じて、食事をして仲良くなって。

――格闘技全般がお好きなんですか?

川畑:はい。僕の若い頃は、桜井“マッハ”速人さんや佐藤ルミナさんが修斗で活躍されていて。僕が歌手でデビューして初めて対談したのもルミナさんでした。後日ルミナさんの紹介でリキックスというキックボクシングジムへ連れて行って貰ったら、これが楽しくて入会して。和田さんと出逢ったのもその頃です。

和田:15年前ですね。

川畑:あの頃は毎週のように恵比寿で呑んでましたよね。立ち飲み屋にめちゃめちゃみんなで行ってた(笑)。

試合の後のことは考えず。いつ死んでもいいと思っていた

――緒形さんの試合は“引かない”姿勢が印象的でした。

緒形:良いことか悪いかわからないんですけど、試合の後のことまで人生を考えていなかった。いつ死んでもいい状態に自分を追い込んでいたところがあったんですね。和田さんが最初に来てくれた試合のときも、初めてのKO負けで鼻が陥没して、復帰戦で肘打ちを眼にもらって眼窩底骨折をして、と。神様がやめろと言っているのかな、とか思ったこともありました。

和田:緒形くんはそんな状態でもシュートボクシングのために自分を差し置いて頑張ってた。試合の前日にチケットを売り歩いているんですよ? あり得ないでしょう。それを当たり前のこととしてやっていた。

緒形:やっぱり感動してもらったり、何かを伝えないと試合を観に来てもらえないので。ドクターからダメと言われてもやり続けて、だから世界大会で優勝することができた。ドクターをいい意味で信用してないのがよかったのかな(笑)。眼球から液が何ccだか漏れて、左右の大きさが違ってたこともありましたね。

川畑:強すぎますよ(笑)。格闘家の方ってやっぱりちょっと回路が違う。痛みに強すぎるなと感じます。

緒形:アドレナリンで麻痺していたのかもしれません。

「脱力からのインパクトは格闘技にも歌にも通ずる基本」……………………川畑 要

緒形さんのガウンは、〈サイ〉の宮原秀晃さんがパターンを引いたもの。一般的なガウンはグローブを通せるようゆったり作るが、本品は代わりにジップを設け、身体に沿う上品なシルエットに。

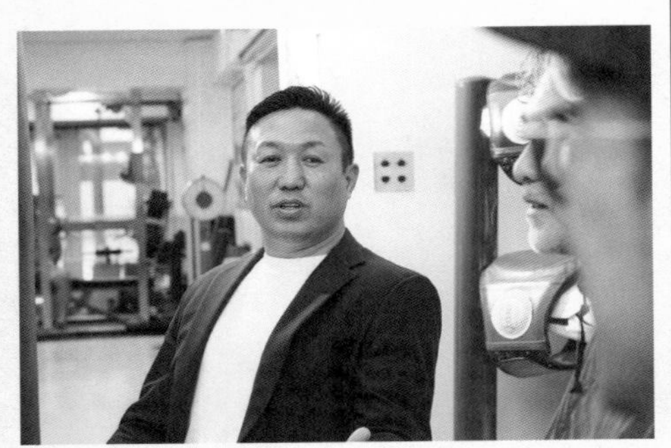

格闘技で得られた経験は必ず人生のさまざまな場で生きる

――シュートボクシングとビームスの付き合いは？

和田：2001年からですね。最初は緒形選手を応援したいという話を、社長の設楽へ直談判しました。あのときは何て言ったか覚えてないぐらい〝熱〟で伝えました。緒形さんは絶対試合で魅せてくれると信じていたから、コスチュームを作って設楽も試合会場に呼んで。やっぱり設楽も心を打たれて、共感してくれましたね。本当に〝熱〟でいろいろなものが動きました。

緒形：ガウンも素晴らしいものを作っていただいて。

――格闘技をやっていてよかったと思うことは？

和田：僕は常々〝格闘技に感謝〟と言っているのですが、親父を亡くしたときや、仕事で落ち込むことがあったとき、シュートボクシングに打ち込むことでいろいろなことが好転したんですね。格闘技に救われました。

緒形：プロでもアマチュアでも、他人と殴り合うって大変なこと。不安とか恐怖とか痛みは絶対にあって、でもそれを乗り越えたところに達成感や充実感がある。その経験は、人生において絶対プラスだと思うんです。

川畑：歌も体力勝負なところがあるので、身体を作ったりスタミナをつけるのに格闘技が役立っています。それから僕は、格闘技と歌には似たところがあると思っていて。力むといいパンチって打てないじゃないですか。脱力して、点でパンッ！と力を込めるのが大事で。歌もずっとキバってたらダメで、リラックスした状態でドンッ！と声を出す。一緒なんですよ。これを言うと大抵、ポカンとされるのが悔しいんですが。

緒形：いや、なるほどと思うよ。歌えといわれても歌えませんけど(笑)。格闘技は脱力とインパクト。スピードとインパクトですから。人間は危機的な状況になると力が入ってしまうけれど、すると動きが固くなる。要が言ったとおりで、脱力した状態で、いかに点から点へ素早く動き、瞬間だけ力を入れられるかが大切。これが難しくて、キャリアを積まないとできない。

和田：仕事も同じじゃないかな。仕事の日は常時全力でベストを尽くすけれど、休みは仕事のことを一切考えずに、気楽に行こうぜと楽しむ。僕の場合は、神社を参拝したり骨董市を巡ったり。何事も、脱力と全力のメリハリをつけるのが重要じゃないかと思います。

「不安や恐怖を乗り越えたところに人間としての成長がある」……………… 緒形健一

芋焼酎が好きで好きで
たまらないから
故郷・鹿児島の酒蔵を
訪ね歩いて作った
人生最高の一本。

「和田商店」をやるとなったときから構想にあったのが、オリジナルの芋焼酎の販売でした。薩摩人にとって芋焼酎は、お茶のように身近なもの。私が愛する素晴らしい酒をたくさんの方に飲んでいただけたら、こんなに嬉しいことはありませんからね。醸造をお願いしたのは、大好きな鹿児島の酒蔵〈大石酒造〉。ここは昔ながらの芋臭いそれから爽やかな飲み口のそれまで、多彩な芋焼酎を作る、芋焼酎好きなら知らぬ人のいない名門です。今回は多くの方に飲んでいただきたいので、後者をベースに造ることにしました。主原料はハナコガネという2005年に出来た品種のさつま芋で、切ると断面が綺麗なオレンジ色をしている。風味にも柑橘系の爽やかさ、華やかさがあり、ロックやソーダ割りで飲むとこれが最高に美味いんですよ。パッケージデザインはグラフィックに長けた妻にお願いし、桜島と、縁起がイイとされる雲立涌文様という雲の図柄をあしらいました。〝芋ショーグン〞の名前も、響きがいいでしょう(笑)？　夢を詰め込んだ一本、ぜひお試しください。

命名
芋ショーグン
SHŌGUN

WORK

丁寧な工夫の見える仕事を伝えていきたい。

所属するオムニスタイル課は2021年に少数精鋭でスタート。バイヤーとして培った知識や経験とインフルエンサーとしての発信力を生かして、自らデジタル分野を開拓しつつ若手スタッフの育成にも尽力している。

〝服ショーグン〞こと和田健二郎は現在オムニスタイルコンサルタントとして、販売スタッフをメディア化し、デジタル接客と店頭接客という2つの軸を啓蒙する役割を担っている。和田自身も、公式サイトや動画サイト、インスタグラム、ライブコマースを駆使して、自ら着用したコーディネートなどを提案。発信する情報量をやみくもに増やすのではなく情報の〝質〞を高めるべく、全国の店舗を飛び回り後輩たちと日々切磋琢磨している。伝えたいのは、〝パーソナルな部分を出しつつ、丁寧な工夫の見える仕事〞をすること。スタイリングは、テクニックではなくマインドこそ大切であるという自らが「BEAMS」で培ってきた信念を、全国のスタッフに伝え続けている。

EPILOGUE

著者あとがき

まずは、この本を手に取ってくださった皆様に、心より感謝申し上げます。

本書を出版するにあたり、編集者やフォトグラファー、ライター、そして「BEAMS」の仲間たちと制作を進める中で、改めて衣・食・住に対して私が大切にしてきたことに気がつきました。それは……、

・大好きなファッションに情熱を注いで、
・大好きな仲間や家族と美味しいものを食して、
・大好きなモノに囲まれて過ごすこと。

すなわち、衣・食・住、そして人との関わり方も〝すべてを丁寧に〟と心掛けるということです。そうすることで、良い人生になると信じて行動し続けてきました。

これから先の人生は、どんな未来が待ち受けているか？　いかなる困難が訪れても、ひとつひとつ丁寧に乗り越え、歩み続けたい。自分の道を迷わず前のめりに行こうかと。行けば分かるような気がしてきました。いくつになっても輝ける場所があると信じて。

和田健二郎 KENJIRO WADA
ビームス ジェネラルスタイルクリエイター

1969年、鹿児島県生まれ。1990年「BEAMS」入社。店舗スタッフ、バイヤーを経験し、2012年より若手への〝服育〟を行うスタイリングディレクターとして活躍。2021年より〝店舗スタッフのメディア化〟を推進するオムニスタイルコンサルタントに就任。自らもスタイリングスナップをほぼ毎日発信し、2017年春夏から2021年秋冬までの10シーズン、全国のスナップ投稿スタッフ3000人中売上No.1を記録する。B印MARKETで展開する個人商店「和田商店」も絶好調。

Instagram : @wadajiro

BEAMS

1976年、東京・原宿で創業。1号店「American Life Shop BEAMS」に続き、世界の様々なライフスタイルをコンセプトにした店舗を展開し、ファッション・雑貨・インテリア・音楽・アート・食品などにいたるまで、国内外のブランドや作品を多角的に紹介するセレクトショップの先駆けとして時代をリードしてきました。特にコラボレーションを通じて新たな価値を生み出す仕掛け役として豊富な実績を持ち、企業との協業や官民連携においてもクリエイティブなソリューションを提供しています。日本とアジア地域に約160店舗を擁し、モノ・コト・ヒトを軸にしたコミュニティが織り成すカルチャーは、各地で幅広い世代に支持されています。

https://www.beams.co.jp/

ビームスの服ショーグンが敬愛するモノ・コト・ヒト
RESPECTS リスペクツ

発行日：2023年10月10日　初版第1刷発行

著者：和田健二郎（株式会社ビームス）
発行者：波多和久
発行：株式会社Begin
発行・発売：株式会社世界文化社
〒102-8190 東京都千代田区九段北4-2-29
TEL 03-3262-5126（編集部）
TEL 03-3262-5115（販売部）
印刷・製本：大日本印刷株式会社
DTP製作：株式会社エストール

撮影：若林武志［表紙、衣パート］、椙本裕子［トークセッション］、伊藤徹也［食・住パート］
ライティング：いくら直幸［衣パート］、秦 大輔［食・住パート、トークセッション］
装幀＋本文デザイン：田尾知己（imos）
料理＋イラスト：和田求示加
ヘア&メイクアップ：HACHI（Bello）
校正：株式会社文字工房燦光

プロダクションマネジメント　株式会社ビームスクリエイティブ

営業：大槻茉未
進行：中谷正史
編集：大内隆史（株式会社Begin）

 ISBN978-4-418-23425-7

本書に掲載されているアイテムはすべて著者の私物です。
また写真の解説は著者が入手した際の情報に基づくものであり、著者の解釈のもとに記載されています。
現在は販売されていない商品もありますので、ブランドや製作者へのお問い合わせはご遠慮くださいますようお願いいたします。

I AM
BEAMS